装配式空腔模块低能耗
抗灾房屋建造图册

林国海　杨倩苗　著

U0300525

中国建筑工业出版社

图书在版编目（CIP）数据

装配式空腔模块低能耗抗灾房屋建造图册/林国海，
杨倩苗著. —北京：中国建筑工业出版社，2019.4
ISBN 978-7-112-23384-7

Ⅰ.①装… Ⅱ.①林… ②杨… Ⅲ.①灾区-农村住
宅-建筑设计-图集 Ⅳ.①TU241.4-64

中国版本图书馆 CIP 数据核字（2019）第 039189 号

责任编辑：刘　静　徐　冉
责任校对：王　烨

装配式空腔模块低能耗抗灾房屋建造图册

林国海　杨倩苗　著

＊

中国建筑工业出版社出版、发行（北京海淀三里河路 9 号）
各地新华书店、建筑书店经销
霸州市顺浩图文科技发展有限公司制版
北京中科印刷有限公司印刷

＊

开本：880×1230 毫米　1/16　印张：14¼　字数：437 千字
2019 年 4 月第一版　　2019 年 4 月第一次印刷
定价：**79.00** 元
ISBN 978-7-112-23384-7
（33691）

编制委员会

主　　编：林国海　杨倩苗

副 主 编：岳　勇　卜志宏　薛一冰

参编人员：何文晶　管振忠　房　涛　尹红梅　耿　耿　周　丹

　　　　　汤　兵　张　泓　李文雅　任孟晓　张瑛格　王静文

　　　　　孙志中　曲　磊　范瑛琳　孙雅鑫

主编单位：山东建筑大学

　　　　　哈尔滨鸿盛集团

　　　　　山东金富地新型建材科技股份有限公司

参编单位：山东省绿色建筑协同创新中心

　　　　　山东省可再生能源建筑应用技术重点实验室

序

　　农业、农村、农民问题是关系国计民生的根本性问题，而改善农村住房条件是"三农"问题的重要内容。山东省是农业大省，农村人口 3900 多万，占全省人口的 39.4%，山东省建设系统认真贯彻《山东省乡村振兴战略规划（2018-2022 年）》，聚焦山东省农村建筑节能和农村人居环境改善的技术攻关，落实"适用、经济、绿色、美观"的建筑方针，以提高农民居住环境的舒适度，减少雾霾，实现节能减排，使山东省农村青山常在，绿水常青。

　　山东省地处寒冷地区，既有农村房屋建设标准较低，房屋围护结构保温性能差，直接影响到农村房屋热环境及人的舒适度。非节能农宅冬季采暖耗煤量高、污染严重。哈尔滨鸿盛集团开发的聚苯板空腔模块，节能效果好、结构强度高、施工简便，非常适用于农村房屋建设。山东建筑大学基于对山东省农村广泛调研的基础，结合山东省农村社会经济条件、气候特点、地域传统等因素，设计出了适用于农村住宅的 12 套户型，编辑成册，形成本套《装配式空腔模块低能耗抗灾房屋建造图册》，以满足山东省农村不同经济条件、不同家庭结构、不同人群的需求。本图册在满足住宅使用功能和建筑节能的基础上，充分考虑农村建筑投资和施工条件有限的实际情况，设计出的户型性价比高、装配率高，适合在山东省新农村建设中大面积推广。

　　山东建筑大学和哈尔滨鸿盛集团有所担当，产学研合作，切实解决了农村住宅建造问题，推动了住房建设事业的发展。该房屋的建造，为农民提供了一个舒适、安全的生活空间，改善了农民的生活质量；同时减少了冬季采暖污染物的排放，具有良好的经济效益和社会效益。该图册的出版，为政府将来在广大农村推广节能建筑提供了技术支持。

　　希望山东建筑大学和哈尔滨鸿盛集团坚持创新、绿色、开放的发展理念，再接再厉，总结经验，研发、设计出更加符合农村生活、生产的功能性建筑，全面提升农村建筑品质，做好建筑节能与绿色建筑方面的工作，为住房城乡建设领域的绿色发展提供支撑。

中国建筑节能协会

2018 年 12 月 21 日

前　言

住房和城乡建设部《建筑节能与绿色建筑发展"十三五"规划》中十分重视农村建筑节能的发展，提出到 2020 年"农村建筑节能实现新突破"，"经济发达地区及重点发展区域农村建筑节能取得突破，采用节能措施比例超过 10％"。目前，山东省农村居住房屋能耗大，结构抗灾能力不强，装配率低，亟须采用先进的理念和技术，全面提升绿色农房的结构安全度、节能标准和施工质量。

山东建筑大学在对我省农村居住房屋进行广泛调研的基础上，应用哈尔滨鸿盛房屋节能体系研发中心的建设科技创新成果——保温与结构一体化低能耗抗灾房屋建造技术（2015 年黑龙江省科技发明一等奖），紧密结合山东省农村现状、气候特点和地域传统，设计出了适用于农村的标准户型并编制了本图册，适用于耐火等级为三级以下、抗震设防烈度 8 度以下、地上建筑高度 15m 及以下、地上建筑 3 层及以下的民用房屋，以满足山东省农村不同经济状况、不同家庭结构和不同人群的建房需求。

本图册主要有三处创新点：

一是适用于农村居住建筑的特色。图册中农村居住建筑户型实用性强，主编单位针对农村居住建筑在规划设计、建筑节能设计、生态环保等方面存在的具体问题，充分结合农村生活特点，研究设计了农村居住建筑的节能户型平面布置、节能保温节点构造，开发了对象特征显著的农村居住建筑户型。农村居住建筑结构设计简单，充分发挥空腔模块房屋建造技术的优势和特点，最大限度地减少农村居住建筑承重柱和梁，降低施工难度和建造成本。农村居住建筑装配化程度高，外墙、承重内墙采用部品化的聚苯板空腔模块，坡屋顶采用三角形钢屋架，非承重内墙采用轻钢龙骨石膏板隔墙，楼面采用纤维水泥平板楼面免拆模板系统，建筑装配率 100％。

二是使用聚苯板空腔模块复合墙体。与传统块材组砌墙体或框架结构块材组砌填充墙体相比较，该技术易施工，房屋建造与摆积木类似，彻底取代了黏土砖和块材组砌墙体，淘汰了落后技术和产能，摒弃了传统的房屋建造施工工艺，实现了建筑保温与建筑结构一体化。复合墙体内的承重结构全部使用混凝土浇筑，模块良好的力学性能和表面均匀分布的燕尾槽与混凝土结构构成有机咬合，提高了墙体的抗冲击性、耐久性和防火安全性能，做到了房屋全生命周期内免维护，实现了百年建筑。复合墙体的结构抗灾能力大幅度升级，实现了 8 级震灾"零伤亡"，可防患于未然。250mm 厚复合墙体的保温隔热性能与 3.2m 厚的黏土实心砖墙体等同，保温隔热性能和气密性大幅度提高，超过山东省居住建筑节能 75％的标准。

三是楼面免拆模板系统。首先，与现行装配式预制混凝土楼面叠合板相比较，免拆模板系统结构性能可靠，保留了现浇混凝土楼面板结构的全部优点，不降低结构的抗震性能，不增加楼面板厚度。其次，性价比高。该系统用纤维水泥平板替代预制混凝土叠合板的底板，取消了传统的天棚抹灰和模板拆除，与传统施工工艺比较，在不增加楼面钢筋用量和建造成本的前提下，实现了混凝土楼面板装配式施工。最后，制作简单灵活，易施工性强。该系统可在施工现场制造，质量是传统预制混凝土叠合板的1/5，安装就位方便快捷，施工速度快，现场安装精度高，工程质量易保证。

该图册立足山东省农村实际情况，充分发掘保温与结构一体化低能耗抗灾房屋建造技术的优点，实现了农村房屋保温节能、低成本、抗震防灾和装配式建造，可在我国寒冷地区推广应用，为我们美丽乡村建设和精准扶贫提供可靠的技术支撑。

编委会

2018 年 12 月

户型图

户型 A	建筑面积：122m² 建筑层数：1层	设计要点	建筑平面规整，体型紧凑，坡屋顶。平面三开间，三室两厅，起居室、餐厅位于中间，南北通透；东西侧布置卧室、餐厨和卫生间。南侧大窗有利于天然采光和冬季得热，北侧小窗减少热量损耗。南侧入口处设置门斗，避免冬季冷风渗透。

户型图

户型 B	建筑面积：122m²	设计要点	建筑平面规整，体型紧凑，平屋顶。平面三开间，三室两厅，起居室、餐厅位于中间，南北通透；东西侧布置卧室、餐厨和卫生间。南侧大窗有利于天然采光和冬季得热，北侧小窗减少热量损耗。南侧入口处设置门斗，避免冬季冷风渗透。
	建筑层数：1层		

户型图

户型 C	建筑面积：159m²	**设计要点**	建筑平面四开间，体型紧凑，坡屋顶。五室两厅，起居室、卧室等主要房间位于南侧，厨房、卫生间等次要房间位于北侧。南侧大窗有利于采光、得热，北侧小窗减少热量损耗。南侧入口处设置附加阳光间，有利于冬季采暖。
	建筑层数：1层		

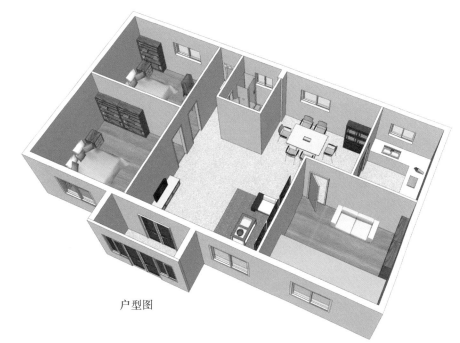

户型图

户型 D	建筑面积：150m²	设计要点	建筑平面为矩形，体型紧凑，利于房屋保温，坡屋顶。三室两厅，起居室、餐厅南北通透，带炕老人房、主卧室位于南侧，次卧室、厨房、卫生间位于北侧。南侧大窗有利于天然采光和冬季得热，北侧小窗减少热量损耗。南侧入口设置门斗，避免冬季冷风渗透。
	建筑层数：1层		

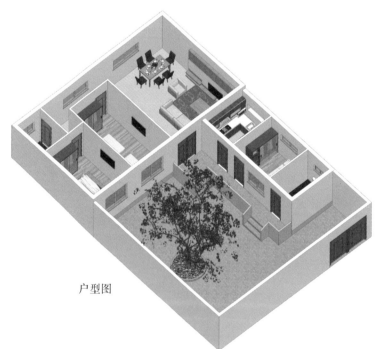

户型图

| 户型 E | 建筑面积：122.25m²
 建筑层数：1层 | 设计要点 | 单层独户独院设计，院落宽敞，北侧正方布置起居室、餐厅、老人房和主卧室，东侧厢房布置次卧室、厨房和卫生间。正房满足四口之家使用，厢房满足农村来客使用。南侧大窗有利于天然采光和冬季得热，北侧小窗减少热量损耗。 |

户型图

户型 F	建筑面积：234.4m²	设计要点	农村四合院民宿，围绕景观庭院设计五间客房和厨房、餐厅等。客房采光通风良好，均没有单独卫生间。南侧大窗有利于天然采光和冬季得热，北侧小窗减少热量损耗。
	建筑层数：1层		

二层户型图

一层户型图

设计要点

两层住宅，建筑平面三开间，可联排布置。规则矩形平面，体形紧凑，有利于保温节能。一层起居室、餐厅东西向开敞，二层设计四间卧室，可以满足不同人群需求。南侧入口处设置附加阳光间，有利于冬季采暖。

户型 G

建筑面积：246m²
建筑层数：2层

一层户型图

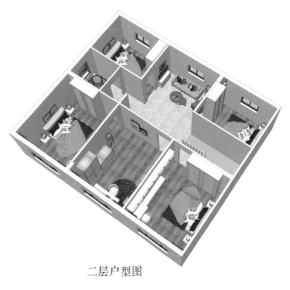

二层户型图

| 户型 H | 建筑面积：249m²
 建筑层数：2层 | 设计要点 | 　　两层双拼户型，建筑平面三开间，规则矩形平面，体型紧凑，有利于保温节能。起居室、餐厅南北通透，二层主要布置卧室。南侧大窗有利于天然采光和冬季得热，北侧小窗减少热量损耗。南侧入口处设置门斗，避免冬季冷风渗透。 |

二层户型图

一层户型图

书
主卧室、
起居室、功能分区
合台，西侧为露台，二层
房等辅助功能布置在北侧；二层
间、厨房等房间有利于天然采光和冬季得热，北侧小窗减少热量损耗。南侧入门处设置封闭玄

设计要点

建筑平面为矩形，三开间。体型紧凑，有利于保温节能。可双拼布置。
房等主要功能布置在南侧，卫生间、厨房等辅助功能布置在北侧，功能分区
合理。南侧大窗有利于天然采光和冬季得热，北侧小窗减少热量损耗。南侧入门处设置封闭玄
关，避免冬季冷风渗透。

户型 I

建筑面积：212.13m^2
建筑层数：2层

二层户型图

一层户型图

户型 J

建筑面积：206.8m²
建筑层数：2 层

设计要点

建筑平面为矩形，三开间，体型紧凑，有利于保温节能。可双拼布置。起居室、主卧室、书房等主要功能布置在南侧，厨房等辅助功能布置在北侧，功能分区合理。开敞楼梯间，南侧入口处设置封闭玄关，避南侧大窗有利于天然采光和冬季得热，北侧小窗减小热量损耗。免冬季冷风渗透。

二层户型图

一层户型图

户型 K

建筑面积：272m²
建筑层数：2层

设计要点

建筑平面为矩形，体型紧凑，有利于保温节能，可联排布置。功能布置在南侧，卫生间、厨房等辅助功能布置在北侧，一层北侧设置车库。南侧布置有利于天然采光和冬季得热，北侧小窗减少热量损耗。起居室、主卧室、书房等主要功能分区合理。南侧入口处设置门斗，避免冬季冷风渗透。

目　　录

建筑设计总说明

一、设计依据

1. 《建筑设计防火规范》GB 50016
2. 《住宅设计规范》GB 50096
3. 《民用建筑热工设计规范》GB 50176
4. 《建筑内部装修设计防火规范》GB 50222
5. 《民用建筑设计通则》GB 50352
6. 《屋面工程技术规范》GB 50345
7. 《住宅建筑规范》GB 50368
8. 《聚合物水泥防水涂料》GB/T 23445
9. 《严寒和寒冷地区居住建筑节能设计标准》JGJ 26
10. 《聚苯板模块保温墙体应用技术规程》JGJ/T 420
11. 《EPS模块现浇混凝土剪力墙结构技术规程》DB37/T 5014
12. 《山东省绿色农房建设技术导则》JD 14—028

二、工程概况

1. 工程名称：寒冷地区农村房屋建造图集。
2. 建筑性质：寒冷地区农村低能耗抗灾房屋。
3. 项目内容：建筑构造设计。
4. 结构形式：混凝土房屋。
5. 使用年限：不低于50年。
6. 抗震设防烈度：8度及以下。

三、复合墙体

1. 复合墙体的基础部分详见结施图。
2. 外墙：250 EPS空腔模块。
3. 内隔墙：≤30kg/m² 的轻质隔墙。
4. 空腔 EPS 模块混凝土复合墙体基本构造应符合表1的要求。

空腔模块混凝土复合墙体基本构造　表1

墙体基本构造				
混凝土结构	保温层	防护层		结构示意图
		防护面层	饰面层	
①混凝土墙体 ②钢筋	③空腔模块 ④插接企口	⑤15mm厚抹面防护面层加复合耐碱玻纤网或防护板	⑥外饰面	

四、楼面免拆系统

楼面免拆模板系统基本构造应符合表2的要求。

楼面系统基本构造　表2

楼面系统基本构造				构造示意图
①混凝土楼板	②钢筋固定座	③纵向钢筋 ④横向钢筋	⑤免拆模板	

五、其他注意事项

1. 施工时请与各专业密切配合，对各专业预留孔洞施工前应与有关专业技术人员核对其数量、位置、尺寸后方可施工，以确保工程质量。

2. 本施工图选用标准图中如有预埋件、预留洞，请按标准图预留。

3. 外露金属构件均做防腐处理。

4. 施工过程中请严格执行国家现行工程施工及验收规范。

5. 施工过程中应严格执行国家《建设工程安全生产管理条例》及其他生产安全和劳动保护方面的法律法规，建设单位交付使用时应提示用户，本建筑室外窗台和线脚严禁上人。

图册名称	装配式空腔模块低能耗抗灾房屋建造图册	图纸名称	建筑设计总说明	图号 0-1

结构设计总说明

一、一般说明

本说明为结构设计总说明，凡设计图纸另有交代者以设计图纸为准。

二、主要设计依据

1. 本工程结构设计所采用的主要标准及法规

1）《建筑地基基础设计规范》GB 50007

2）《建筑结构荷载规范》GB 50009

3）《混凝土结构设计规范》GB 50010

4）《建筑抗震设计规范》GB 50011

5）《建筑工程抗震设防分类标准》GB 50223

6）《EPS模块现浇混凝土剪力墙结构技术规程》DB37/T 5014

7）其他相关国家现行规范、规程

2. 本图集结构设计所采用地质条件及其主要内容

1）本项设计暂按持力层的地基承载力特征值为150kPa的粉质黏土层进行地基基础设计。待实际工程开工前，应委托具有相应资质单位进行地基勘察，并核验地基基础设计是否满足实际要求。若不满足，应重新设计地基基础。

2）场区工程地质状况：本图集工程建筑场类别为暂定为Ⅱ类，持力层土层为粉质黏土层。

3）场区水文地质条件：未考虑地下水。

3. 活荷载标准值

1）起居、卧室：2.000kN/m²

2）厨房、卫生间：2.500kN/m²

3）不上人平屋面：0.500kN/m²

4）基本风压：0.450kN/m²

5）基本雪压：0.450kN/m²

三、场地标高

本图集工程的±0.000应根据场地状况实际选取。

四、尺寸及标高单位

1. 本图集工程所注尺寸以mm计，标高以m计。

2. 本图集工程安全等级为二级。

3. 当房屋外墙体无扶墙柱、首层建筑高度不大于5.1m时，混凝土强度等级和钢筋配置应符合表3。

混凝土强度等级及钢筋配置　　　　表3

层数及墙肢轴压比	设防烈度	混凝土强度等级	单排配筋 HPB300（横向和竖向）
一层	6、7	C20	$\phi6@300$
	8		$\phi8@300$
二层，$\mu<0.4$	6、7	C25	$\phi8@300$
	8		$\phi10@300$
三层，$\mu<0.5$	6、7	C30	$\phi10@300$
	8		$\phi12@300$

注：μ 为墙肢在重力荷载代表值作用下的墙肢的轴压比。

五、抗震设计基本要求

本图集工程建筑场地类别暂定为Ⅱ类，建筑抗震设防类别为丙类，地基土属中软场地土，抗震设防烈度为8度（设计基本地震加速度为0.10g，设计地震分组为第1组），结构的抗震等级为四级。

六、地基基础及结构概况

1. 本图集工程所处地区地基埋深大于冰冻深度并且不小于0.6m。

2. 地基基础设计等级为丙级；采用混凝土条形基础、混凝土独立基础，基础埋深同标准冻深。

3. 本图集工程结构形式为钢筋混凝土抗震墙结构。

4. 本图集工程建筑层数：地上分别为1、2、3层，地上总高度分别为3.30m、6.30m、9.30m。

七、结构材料及一般构造要求

设计中选用的各种建筑材料必须有出厂合格证，并应符合国家及主管部门颁发的产品标准，主体结构所用的建筑材料均应经试验合格和质检部门抽检合格后方能使用，钢筋的选用尚应满足有关抗震规范的要求。

图册名称	装配式空腔模块低能耗抗灾房屋建造图册	图纸名称	结构设计总说明	图号 0-2

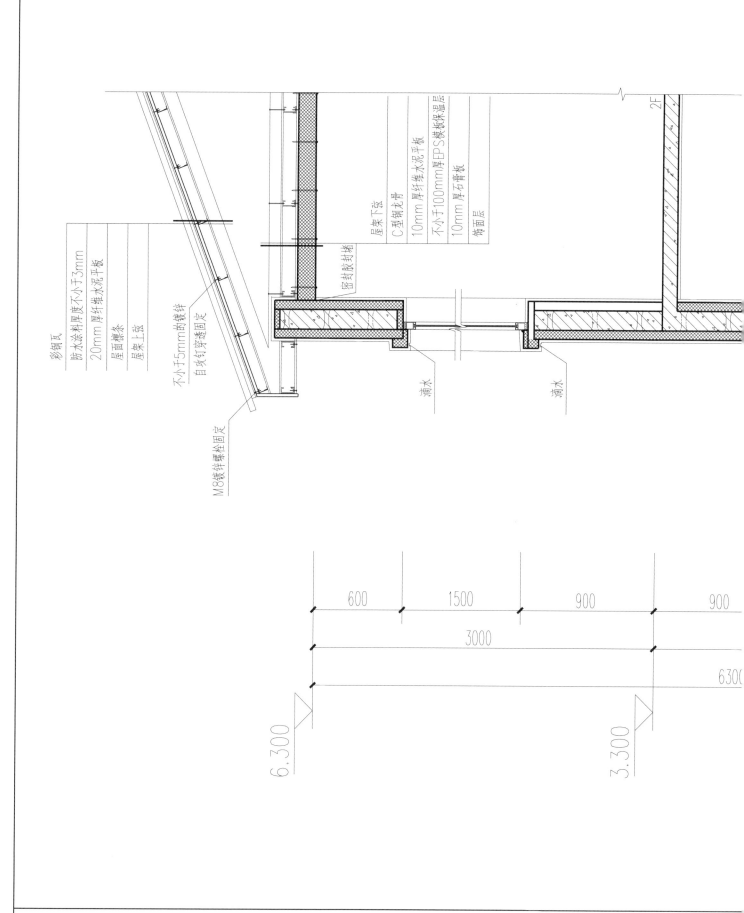

彩钢瓦
防水涂料厚度不小于3mm
20mm厚纤维水泥平板
屋面檩条
屋架上弦

不小于5mm的镀锌
自攻钉穿透固定

M8镀锌螺栓固定

密封胶封堵

屋架下弦
C型钢龙骨
10mm厚纤维水泥平板
不小于100mm厚EPS模板保温层
10mm厚石膏板
饰面层

滴水

滴水

2F

600   1500   900   900

3000

6300

6.300

3.300

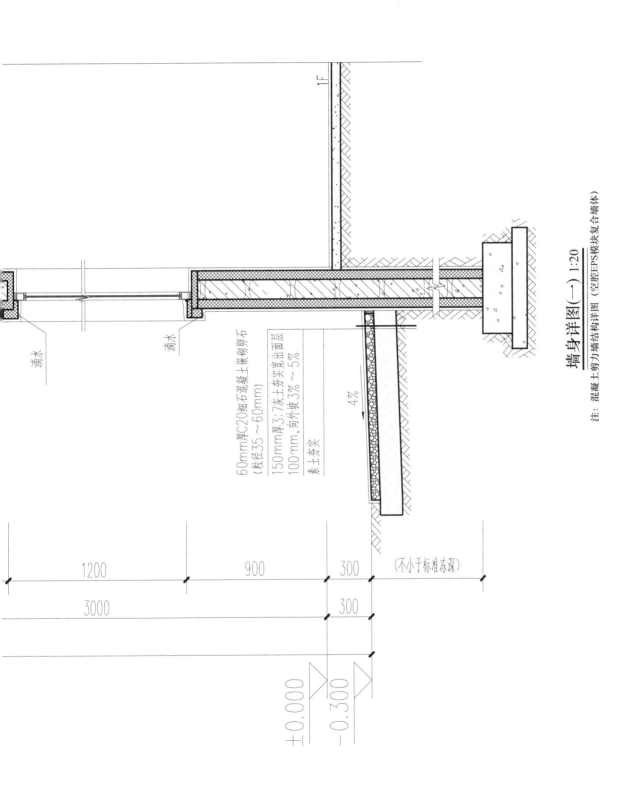

墙身详图(一) 1:20

注：混凝土剪力墙结构详图（空腔EPS模块复合墙体）

60mm厚C20细石混凝土嵌砌卵石
（粒径35～60mm）
150mm厚3:7灰土夯实突出面层
100mm，向外坡3%～5%
素土夯实

4%

1F

滴水

滴水

1200　　900　　300　　（不小于标准冻深）

3000　　　　300

±0.000

−0.300

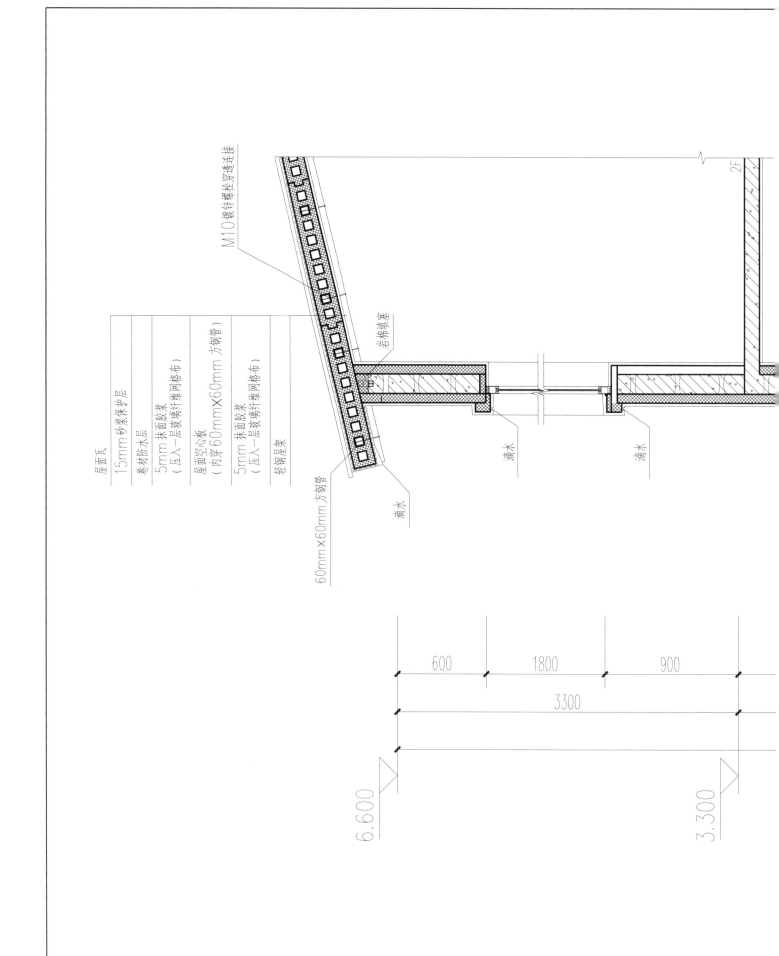

屋面瓦
15mm砂浆保护层
卷材防水层
5mm抹面胶浆
（压入一层玻璃纤维网格布）
屋面空心板
（内穿60mm×60mm方钢管）
5mm抹面胶浆
（压入一层玻璃纤维网格布）
轻钢骨架

M10镀锌螺栓穿透连接

岩棉填塞

60mm×60mm方钢管

滴水

滴水

滴水

2F

600   1800   900
3300

6.600

3.300

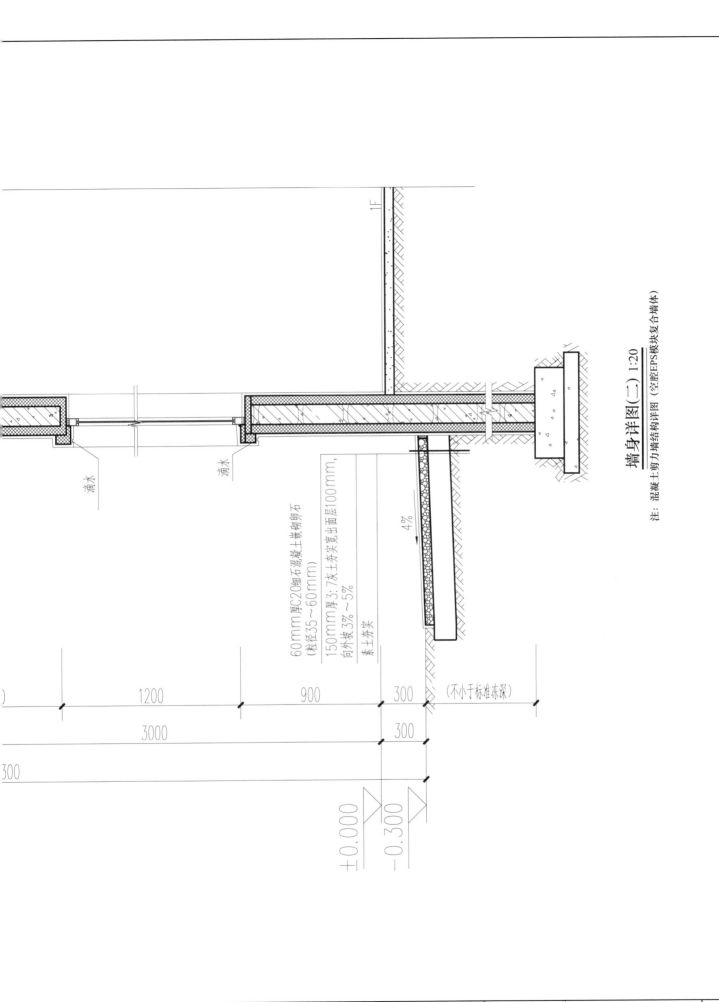

墙身详图(二) 1:20

墙身剪力墙结构详图(空腔EPS模块复合墙体)

注:混凝土剪力墙结构详图(空腔EPS模块复合墙体)

60mm厚C20细石混凝土埋砌卵石
(粒径35~60mm)

150mm厚3:7灰土夯实宽出面层100mm,
向外坡3%~5%

素土夯实

4%

1200

900

300

3000

300

300

(不小于标准冻深)

滴水

滴水

1F

±0.000

-0.300

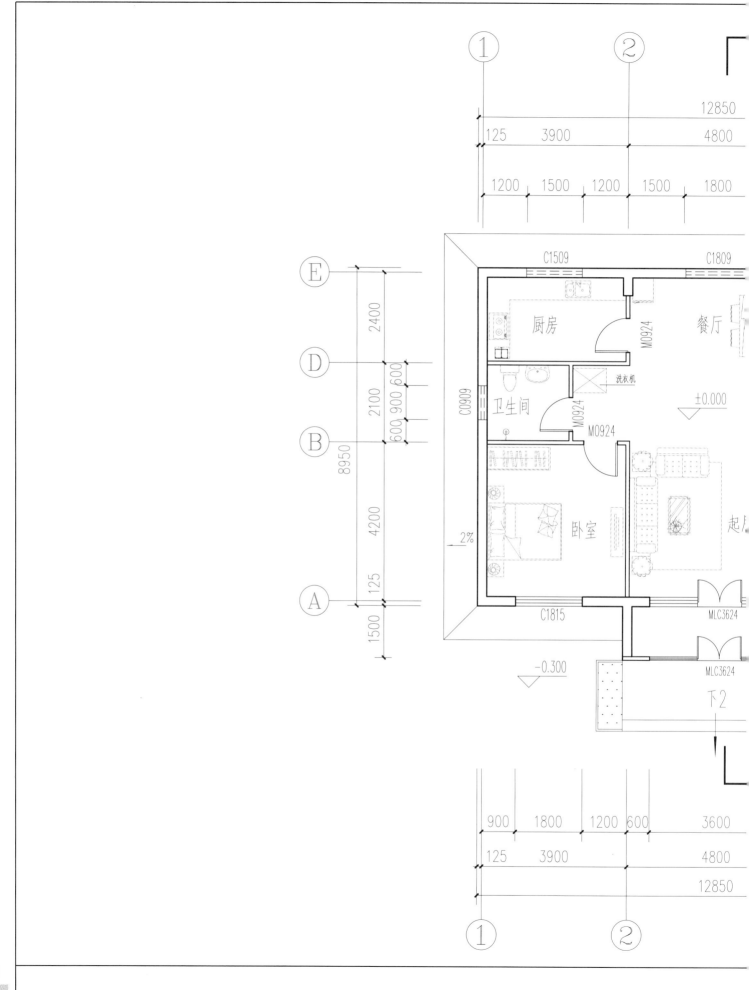

① ② 12850

125 3900 4800

1200 1500 1200 1500 1800

E

2400

D

2100

600 900 600

B

8950

4200

A

125

1500

C1509 C1809

厨房 M0924 餐厅

C0909

卫生间 M0924 洗衣机

M0924

±0.000

卧室 起居

2%

C1815 MLC3624

−0.300

MLC3624

下2

900 1800 1200 600 3600

125 3900 4800

12850

① ②

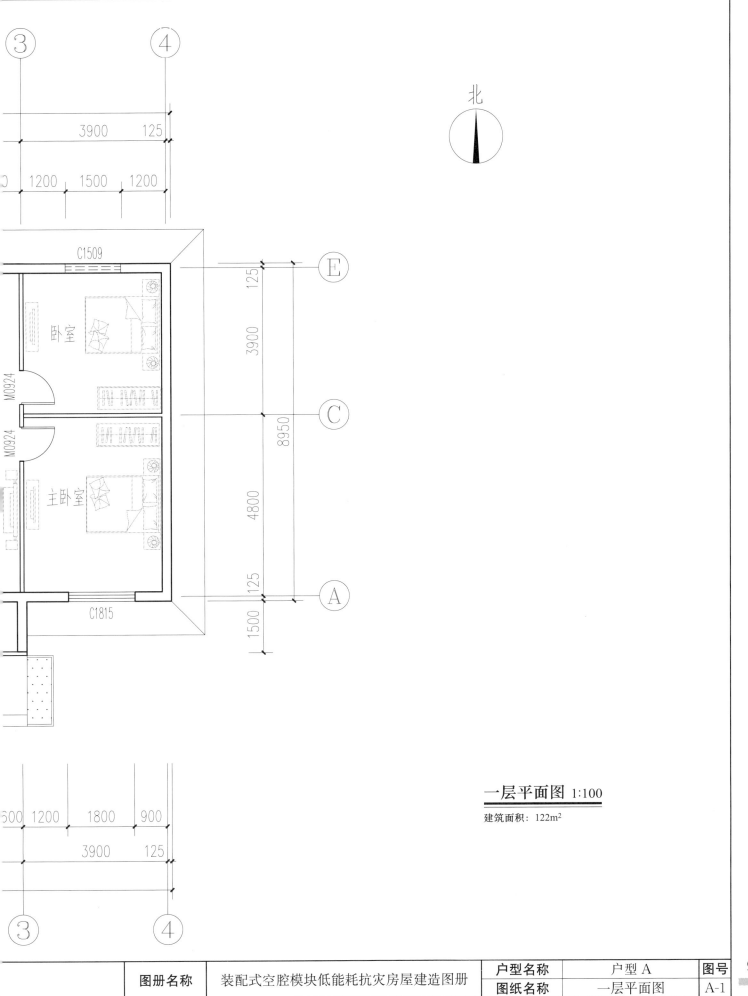

③　④

3900　125

1200　1500　1200

北

C1509

E

125

卧室

3900

M0924

C

M0924

8950

主卧室

4800

125

A

C1815

1500

一层平面图 1:100

建筑面积：122m²

600　1200　1800　900

3900　125

③　④

图册名称	装配式空腔模块低能耗抗灾房屋建造图册	户型名称	户型 A	图号
		图纸名称	一层平面图	A-1

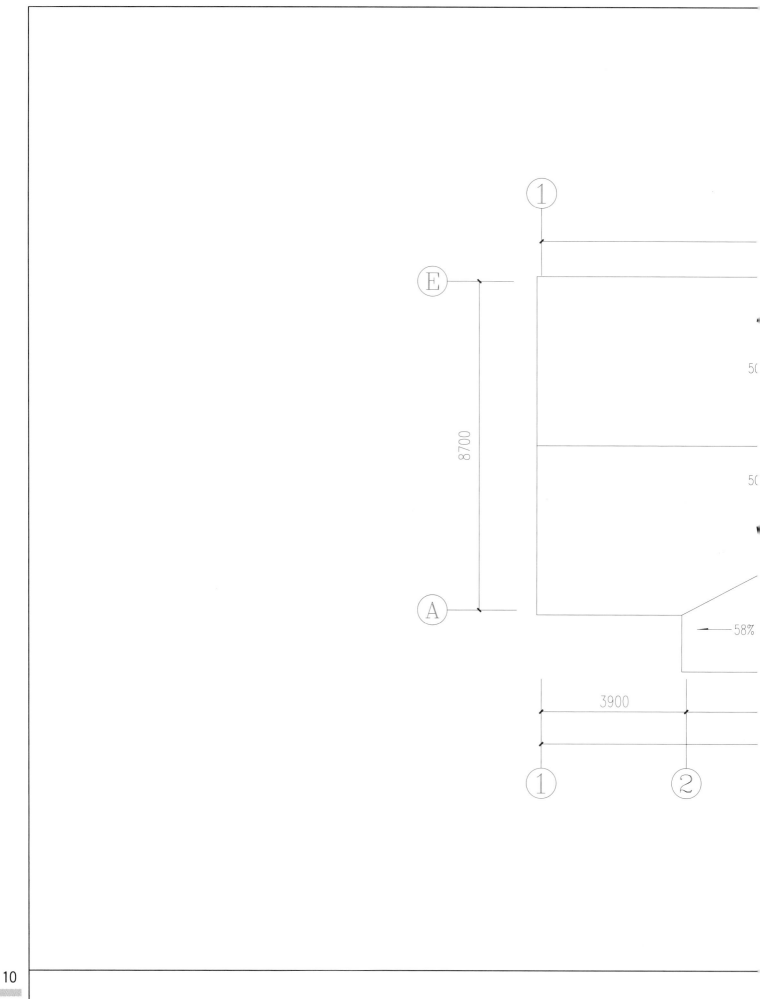

58%

3900

8700

50

50

10

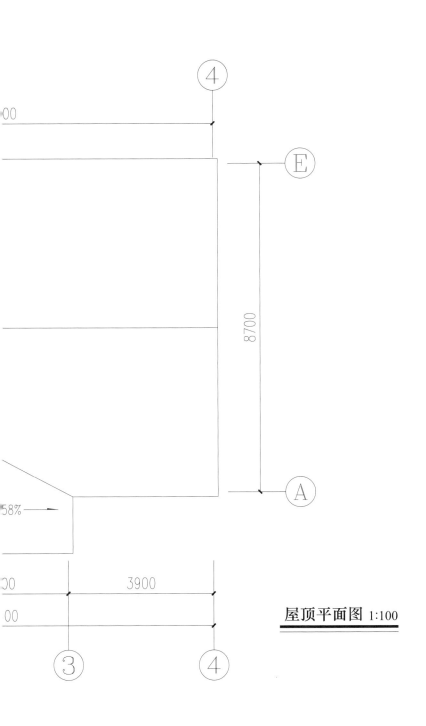

④

⑤

Ⓔ

8700

Ⓐ

58%

3900

③

④

屋顶平面图 1:100

图册名称	装配式空腔模块低能耗抗灾房屋建造图册	户型名称	户型 A	图号
		图纸名称	屋顶平面图	A-2

5.600

3.300

5600

2300

2300

3300

900

1500

900

±0.000

300

300

−0.300

1025 1800 1200 600 3600 600 1200 1800 1025

125 3900 4800 3900 125

12850

① ② ③ ④

①-④轴立面图 1:100

5.600

3.300

5600

2300

2300

3300

900

900

900 600 900

±0.000

300

300

−0.300

1:1.7

1200 1500 2700 1800 2700 1500 1200

12600

④ ①

④-①轴立面图 1:100

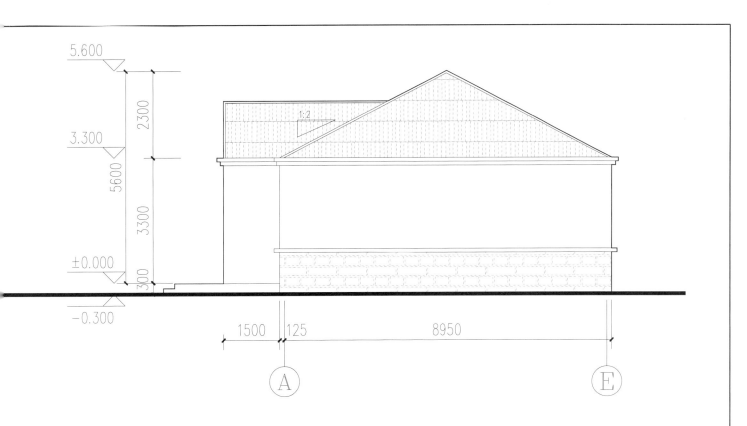

5.600

2300

3.300

5600

3300

±0.000

300

−0.300

1500 · 125 · 8950

Ⓐ · Ⓔ

Ⓐ－Ⓔ 轴立面图 1:100

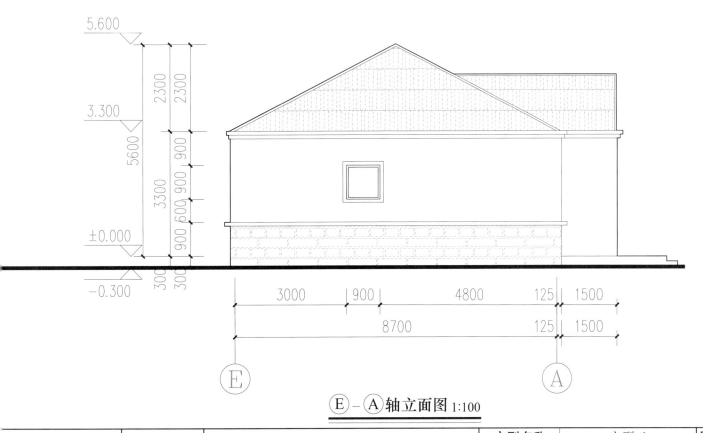

5.600

2300 · 2300

3.300

5600

900 · 900

3300

900 · 900 · 600

±0.000

900

300 · 300

−0.300

3000 · 900 · 4800 · 125 · 1500

8700 · 125 · 1500

Ⓔ · Ⓐ

Ⓔ－Ⓐ 轴立面图 1:100

| 图册名称 | 装配式空腔模块低能耗抗灾房屋建造图册 | 户型名称 | 户型 A | 图号 |
| | | 图纸名称 | 立面图 | A-3 |

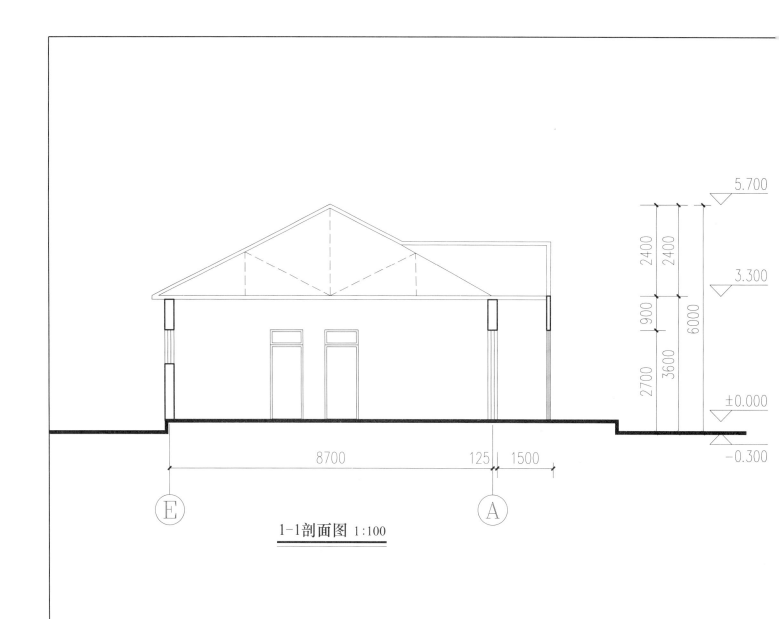

5.700

3.300

±0.000

−0.300

2400
2400
900
2700
3600
6000

8700   125 1500

E   A

1-1剖面图 1:100

门窗详图

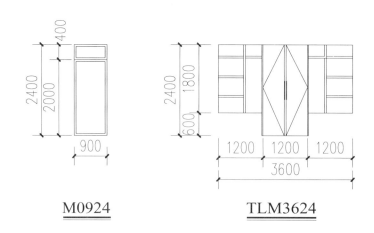

400
2400
2000
900

M0924

2400
1800
600
1200 1200 1200
3600

TLM3624

门窗汇总表

类型	设计编号	洞口尺寸(mm)	数量 1层	数量 合计	门窗名称
普通门	M0924	900×2400	5	5	高级实木门
门连窗	MLC3624	3600×2400	2	2	单框双层玻璃塑钢门连窗
普通窗	C1815	1800×1500	2	2	单框双层玻璃平开塑钢窗
高窗	C1509	1500×900	2	2	单框双层玻璃平开塑钢窗
	C1809	1800×900	1	1	单框双层玻璃平开塑钢窗
	C0909	900×900	1	1	单框双层玻璃平开塑钢窗

注：1. 本表中所给的塑钢门窗尺寸均为洞口尺寸，详图及构造由符合国家标准的生产厂家提供。

2. 本图中所给的塑钢门窗尺寸均为洞口及分格尺寸，具体做法及安装由生产厂家负责。

3. 门窗加工前需复核洞口尺寸及数量。

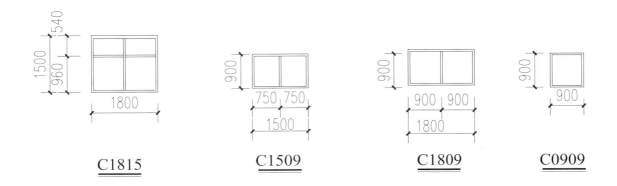

C1815   C1509   C1809   C0909

图册名称	装配式空腔模块低能耗抗灾房屋建造图册	户型名称	户型 A	图号
		图纸名称	剖面图·门窗详图	A-4

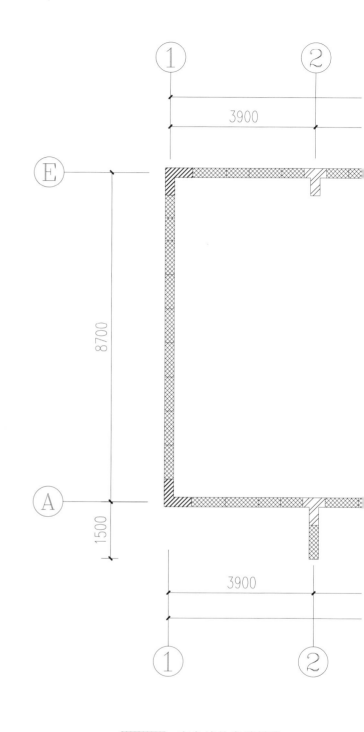

	直角墙体空腔模块
	T形墙体空腔模块
	直板墙体空腔模块

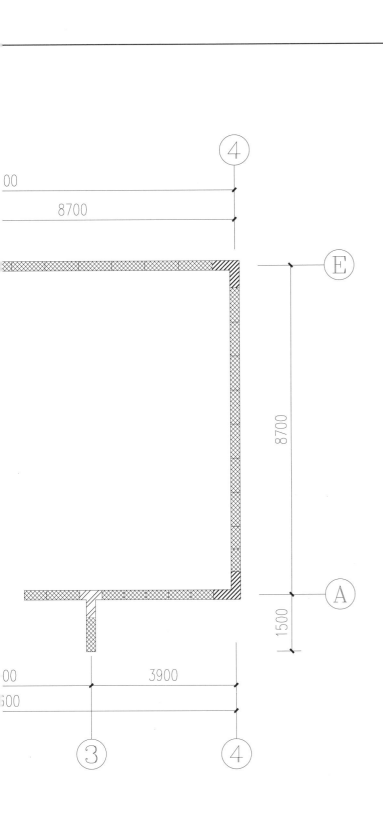

空腔模块组装平面图 1:100

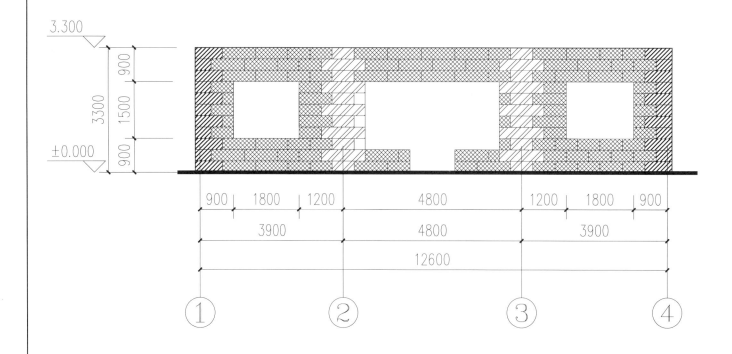

①-④轴空腔模块组装立面图 1:100

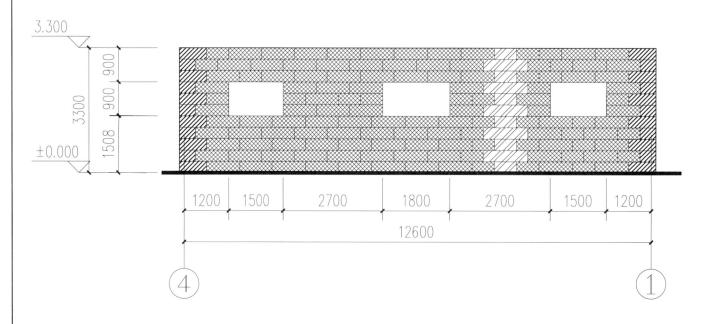

④-①轴空腔模块组装立面图 1:100

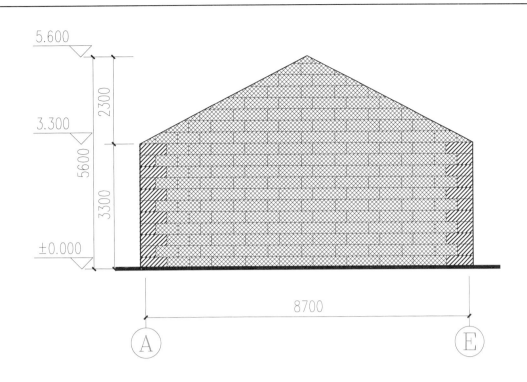

$\underline{\text{(A)} - \text{(E)} \text{轴空腔模块组装立面图}}$ 1:100

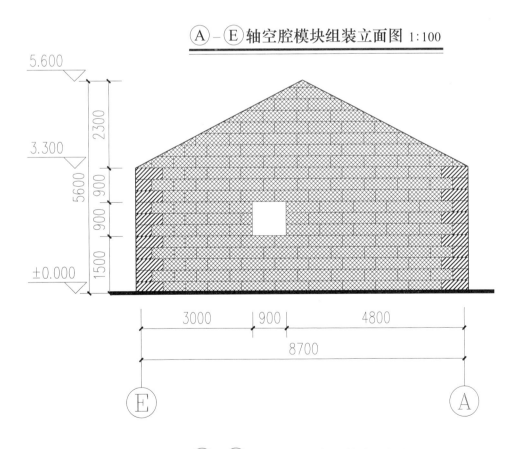

$\underline{\text{(E)} - \text{(A)} \text{轴空腔模块组装立面图}}$ 1:100

图册名称	装配式空腔模块低能耗抗灾房屋建造图册	户型名称	户型 A	图号
		图纸名称	空腔模块组装立面图	A-6

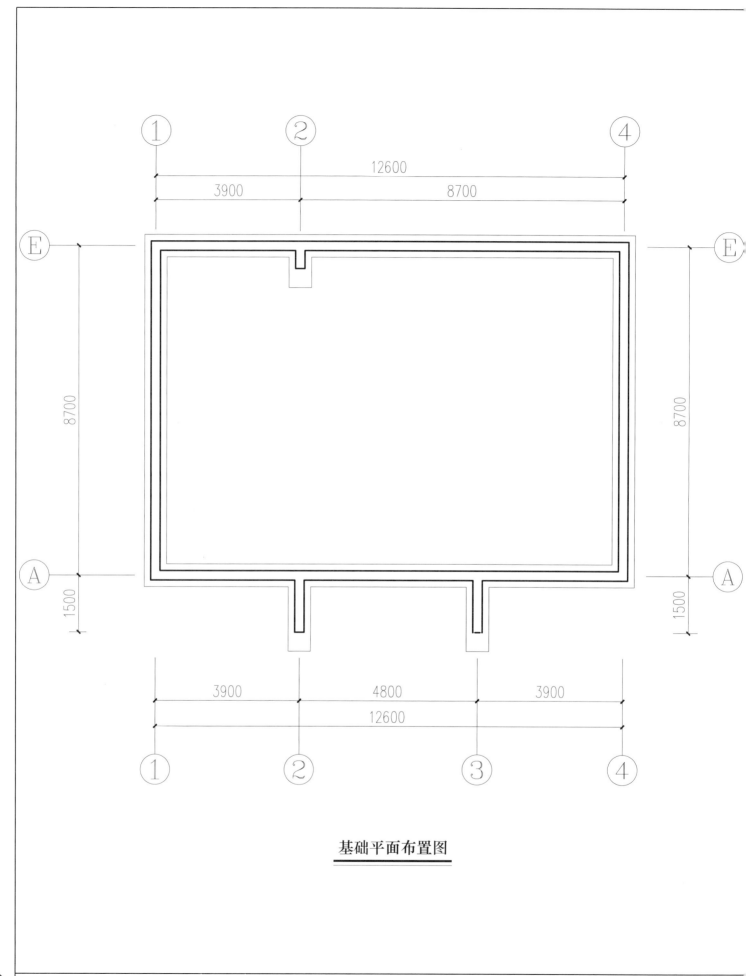

基础平面布置图

基础设计说明：

一、材料：混凝土强度等级为 C30，垫层为 100mm 厚 C15 素混凝土。

二、本项设计暂按地基承载力特征值为 150kPa 进行地基基础设计，标准冻深暂定为 0.6m，采用墙下条形基础，基础埋深同标准冻深；工程正式开工前应委托相关单位对本建设场地进行工程地质勘察，并应根据地质勘察报告对本工程设计进行复核修改。

三、基础施工注意事项：

　　1. 开挖基槽时，在基础底设计标高以上，预留 200mm 厚待挖，待基础施工时，再挖至基础设计标高。

　　2. 开挖基槽时，如遇菜窖、枯井、人防工事、软弱土层等异常情况，应立即联系相关单位处理。

　　3. 基槽开挖完毕，基础施工之前应会同勘察设计单位验槽，如遇与地质报告不符的情况，由勘察、设计、施工人员协商解决。

　　4. 基础施工时及后期使用时应做好场地防水、排水措施，严禁地基土浸水。

　　5. 基底超挖部分应用级配砂石回填至设计标高，其他超挖部分用黏土分层回填夯实。

四、图中标高以 m 为单位，尺寸以 mm 为单位；未特殊注明尺寸的构造柱均按轴线对中定位，框架柱定位尺寸见详图。

五、本工程施工时应符合国家现行相关施工验收规范和规程。

六、室内回填土压实系数不小于 0.94。

七、本工程未考虑冬期施工，且基础施工过程中严禁基底下残留冻土。

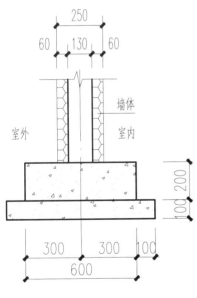

墙下基础剖面

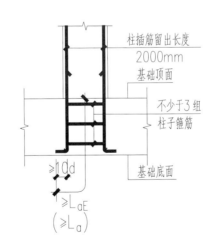

基础预留柱子插筋(纵向钢筋)

图册名称	装配式空腔模块低能耗抗灾房屋建造图册	户型名称	户型 A	图号	21
		图纸名称	基础平面布置图	A-7	

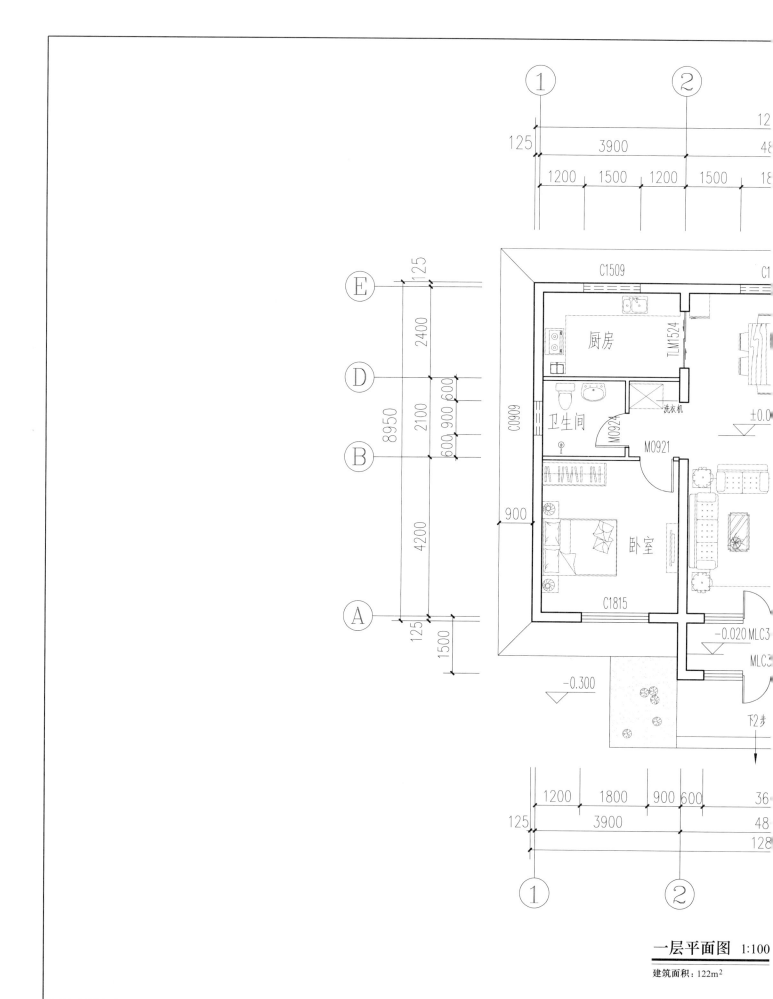

一层平面图 1:100

建筑面积：122m²

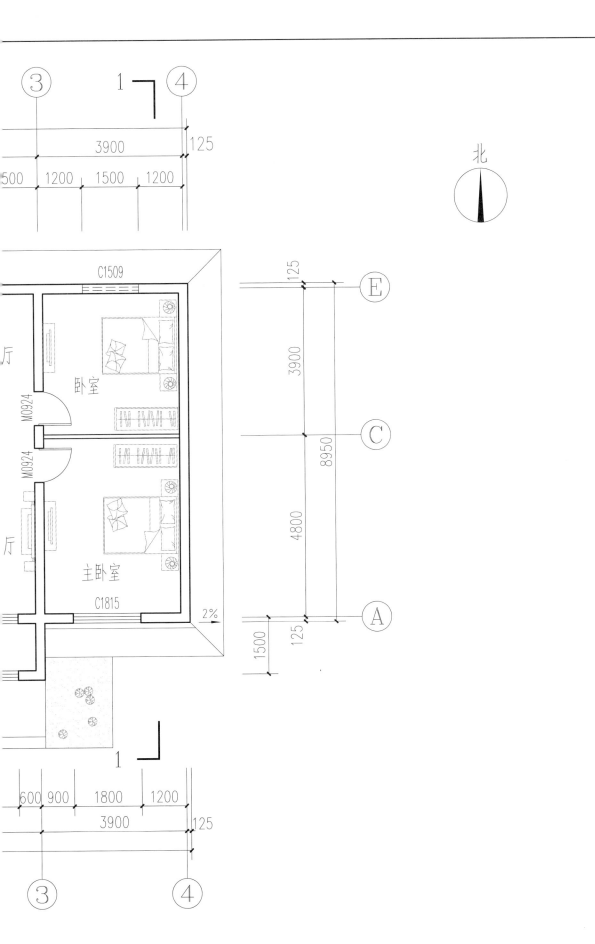

③　　1　④
3900　　125
500｜1200｜1500｜1200

北

125
E
3900
C
8950
4800
A
1500　125

C1509
厅
卧室
M0924
M0924
厅
主卧室
C1815
2%

1

600｜900｜1800｜1200
3900　125

③　　　④

图册名称	装配式空腔模块低能耗抗灾房屋建造图册	户型名称	户型B	图号	23
		图纸名称	一层平面图	B-1	

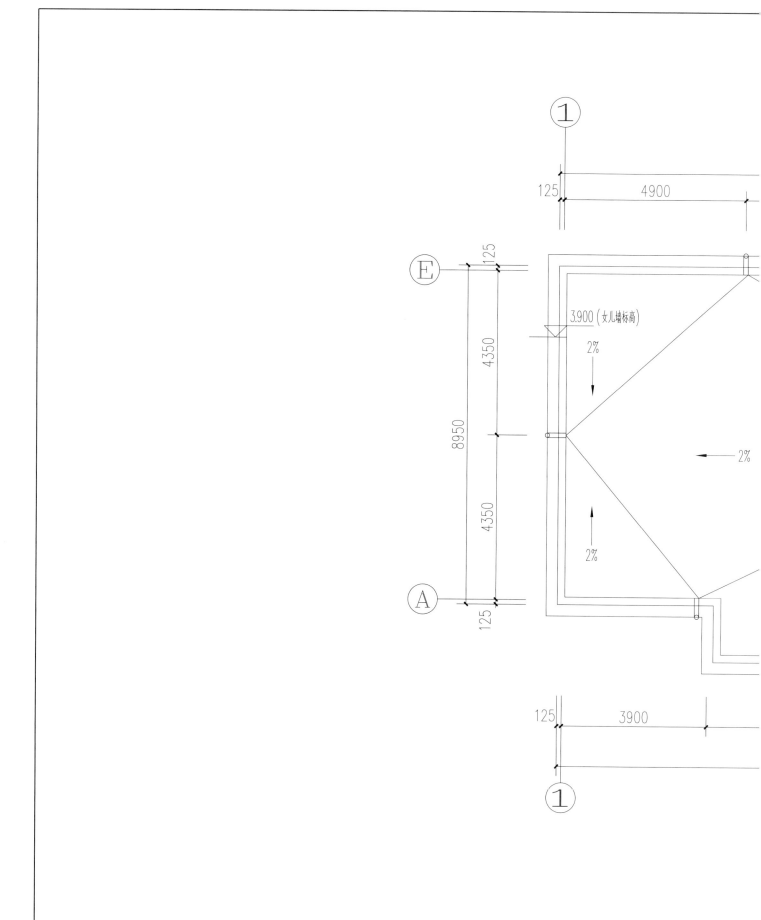

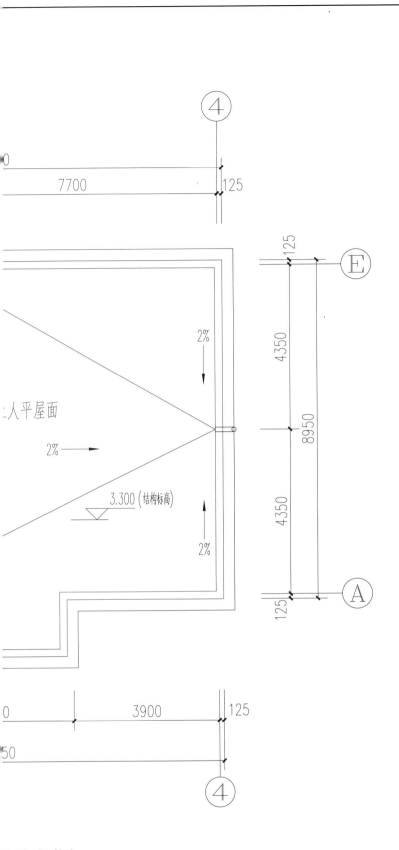

7700 ┊125

125

Ⓔ

4350

⌀

8950

⌀2%

2%

3.300 (结构标高)

2%

人平屋面

4350

125

Ⓐ

Ⓐ

3900 ┊125

50

④

屋顶平面图 1:100

图册名称	装配式空腔模块低能耗抗灾房屋建造图册	户型名称	户型 B	图号
		图纸名称	屋顶平面图	B-2

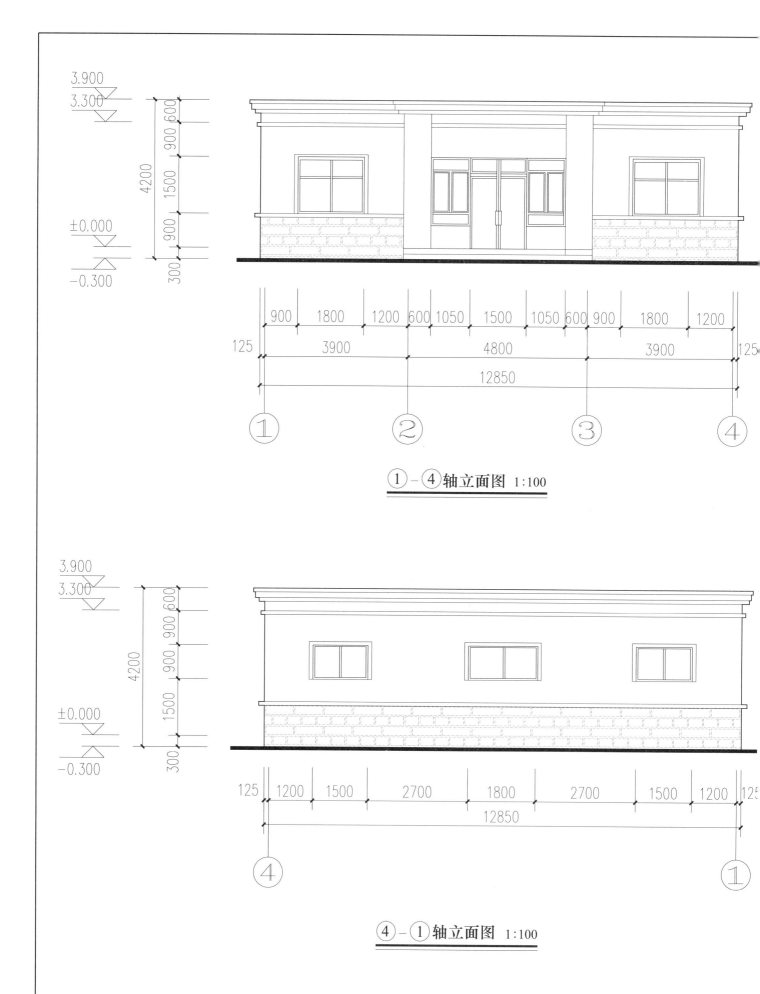

3.900
3.300
±0.000
−0.300

4200
900 600
1500
900
300

900 1800 1200 600 1050 1500 1050 600 900 1800 1200
125 3900   4800   3900 125
12850

① ② ③ ④

①－④轴立面图 1:100

3.900
3.300
±0.000
−0.300

4200
900 600
900
1500
300

125 1200 1500 2700 1800 2700 1500 1200 125
12850

④ ①

④－①轴立面图 1:100

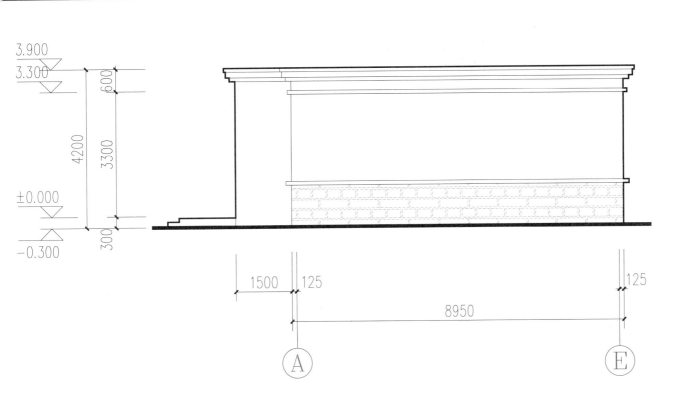

Ⓐ－Ⓔ轴立面图 1:100

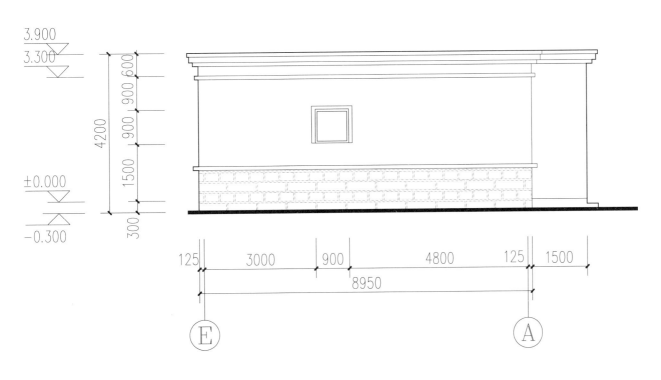

Ⓔ－Ⓐ轴立面图 1:100

图册名称	装配式空腔模块低能耗抗灾房屋建造图册	户型名称	户型 B	图号
		图纸名称	立面图	B-3

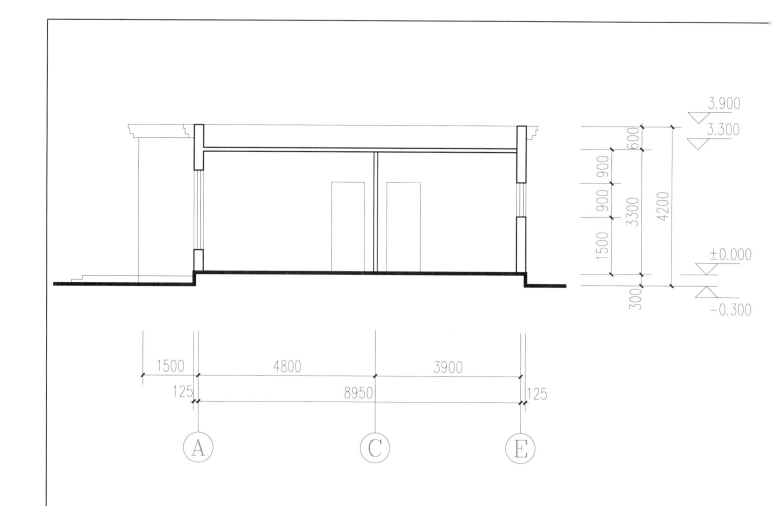

1-1剖面图 1:100

门窗详图

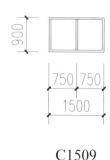

C0909

C1509

C1809

C1815

门窗汇总表

类型	设计编号	洞口尺寸(mm)	数量	门 窗 名 称
普通门	M0921	900×2100	4	高级实木门
门连窗	MLC3624	3600×2400	2	保温防盗门
推拉门	TLM1524	1500×2400	1	双扇推拉门
普通窗	C0909	900×900	1	单框二层玻璃平开塑钢窗
	C1509	1500×900	2	单框二层玻璃平开塑钢窗
	C1809	1800×900	1	单框二层玻璃平开塑钢窗
	C1815	1800×1500	2	单框二层玻璃平开塑钢窗

注：1. 本表中所给的塑钢门窗尺寸均为洞口尺寸，详图及构造由符合国家标准的生产厂家提供。

2. 本图中所给的塑钢门窗尺寸均为洞口及分格尺寸，具体做法及安装由生产厂家负责。

3. 门窗加工前需复核洞口尺寸及数量。

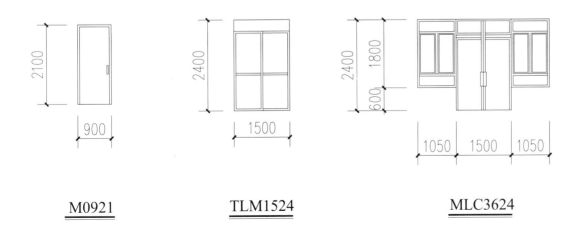

M0921　　　　　　TLM1524　　　　　　MLC3624

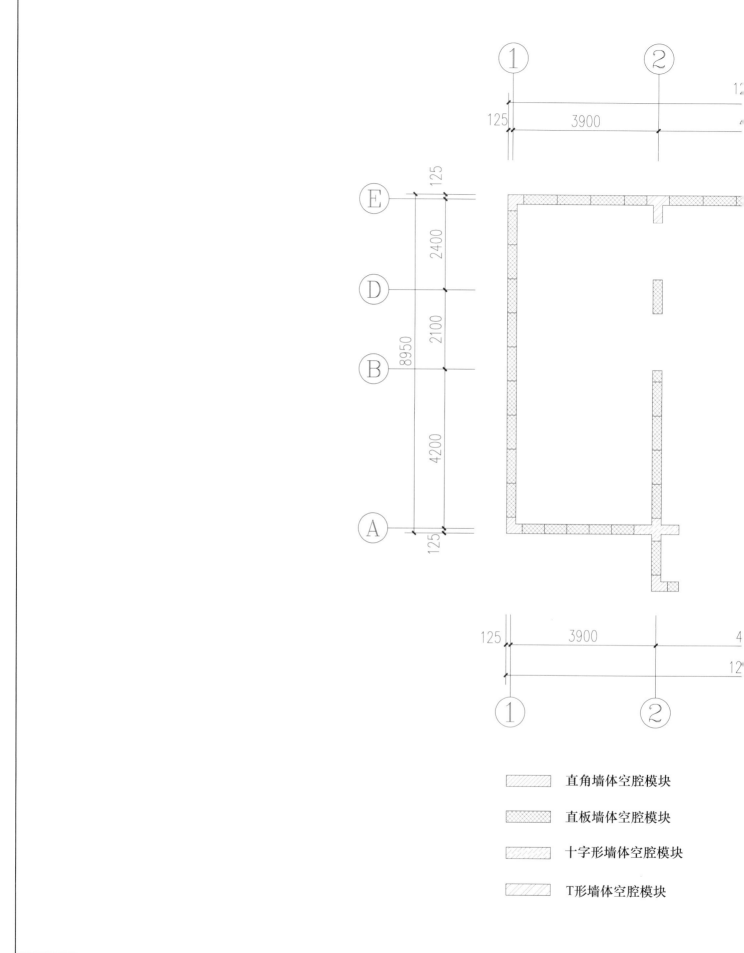

直角墙体空腔模块

直板墙体空腔模块

十字形墙体空腔模块

T形墙体空腔模块

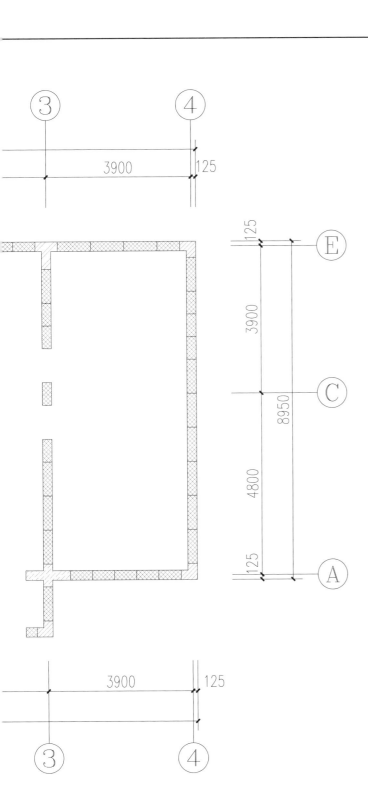

③　　④

3900　　125

125

E

3900

C

8950

4800

A

125

3900　　125

③　　④

空腔模块组装平面图 1:100

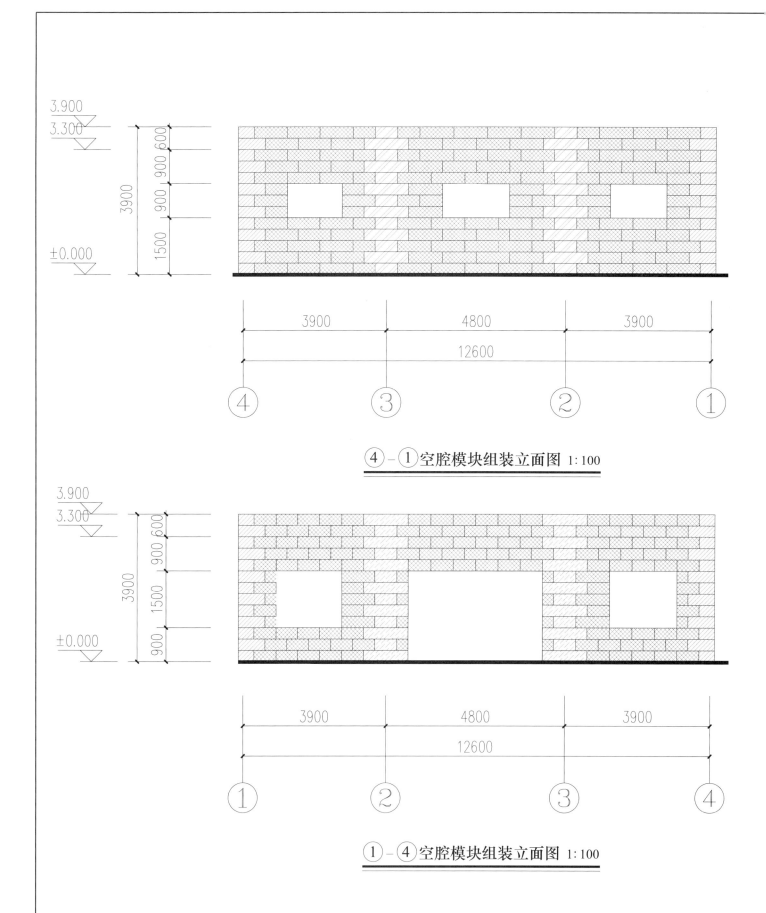

④-①空腔模块组装立面图 1:100

①-④空腔模块组装立面图 1:100

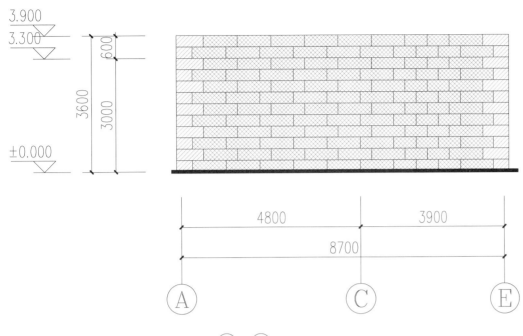

3.900
3.300
600
3600
3000
±0.000

4800   3900
8700

Ⓐ   Ⓒ   Ⓔ

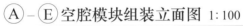
Ⓐ–Ⓔ空腔模块组装立面图 1:100

3.900
3.300
3900
900 900 600
900
1500
±0.000

2400   2100   4200
8700

Ⓔ   Ⓓ   Ⓑ   Ⓐ

Ⓔ–Ⓐ空腔模块组装立面图 1:100

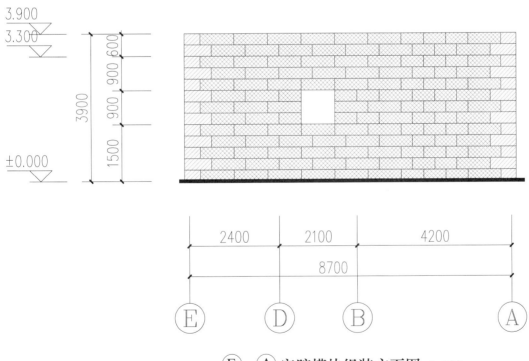

| 图册名称 | 装配式空腔模块低能耗抗灾房屋建造图册 | 户型名称 | 户型B | 图号 |
| | | 图纸名称 | 空膜模块组装立面图 | B-6 |

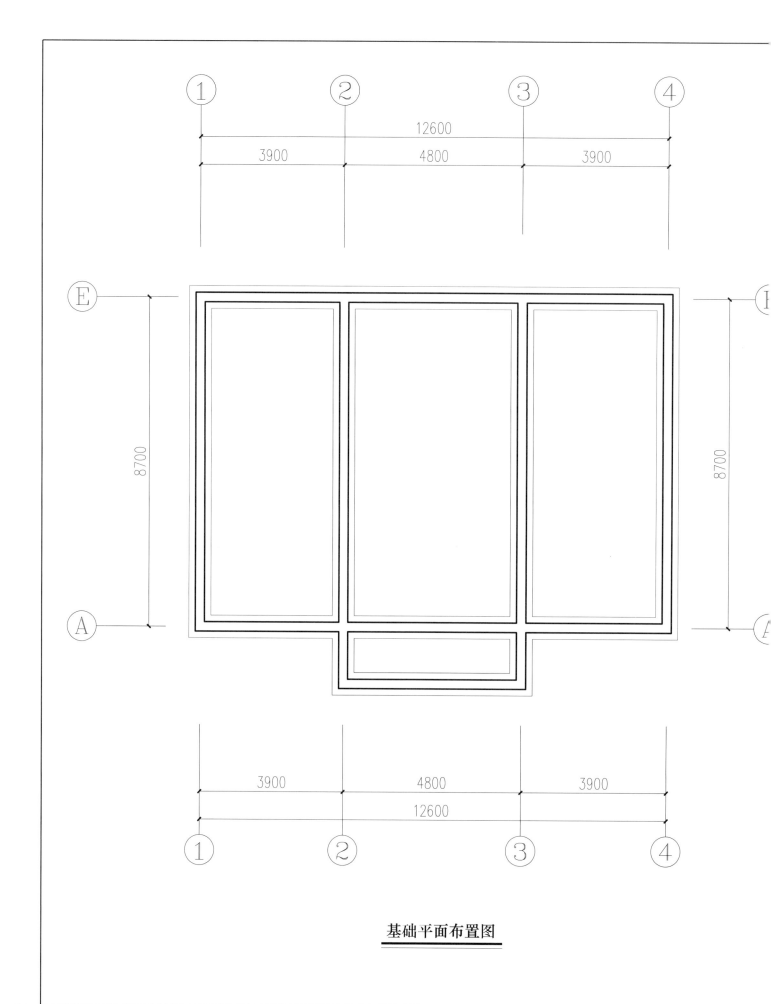

基础平面布置图

基础设计说明：

一、材料：混凝土强度等级为 C30，垫层为 100mm 厚 C15 素混凝土。

二、本项设计暂按地基承载力特征值为 150kPa 进行地基基础设计，标准冻深暂定为 0.6m，采用墙下条形基础，基础埋深同标准冻深；工程正式开工前应委托相关单位对本建设场地进行工程地质勘察，并应根据地质勘察报告对本工程设计进行复核修改。

三、基础施工注意事项：

　　1. 开挖基槽时，在基础底设计标高以上，预留 200mm 厚待挖，待基础施工时，再挖至基础设计标高。

　　2. 开挖基槽时，如遇菜窖、枯井、人防工事、软弱土层等异常情况，应立即联系相关单位处理。

　　3. 基槽开挖完毕，基础施工之前应会同勘察设计单位验槽，如遇与地质报告不符的情况，由勘察、设计、施工人员协商解决。

　　4. 基础施工时及后期使用时应做好场地防水、排水措施，严禁地基土浸水。

　　5. 基底超挖部分应用级配砂石回填至设计标高，其他超挖部分用黏土分层回填夯实。

四、图中标高以 m 为单位，尺寸以 mm 为单位；未特殊注明尺寸的构造柱均按轴线对中定位，框架柱定位尺寸见详图。

五、本工程施工时应符合国家现行相关施工验收规范和规程。

六、室内回填土压实系数不小于 0.94。

七、本工程未考虑冬期施工，且基础施工过程中严禁基底下残留冻土。

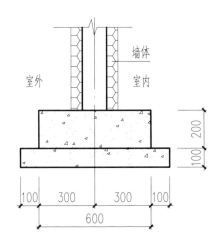

墙下基础剖面

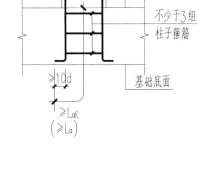

墙下预留柱子插筋(纵向钢筋)

图册名称	装配式空腔模块低能耗抗灾房屋建造图册	户型名称	户型 B	图号	35
		图纸名称	基础平面布置图	B-7	

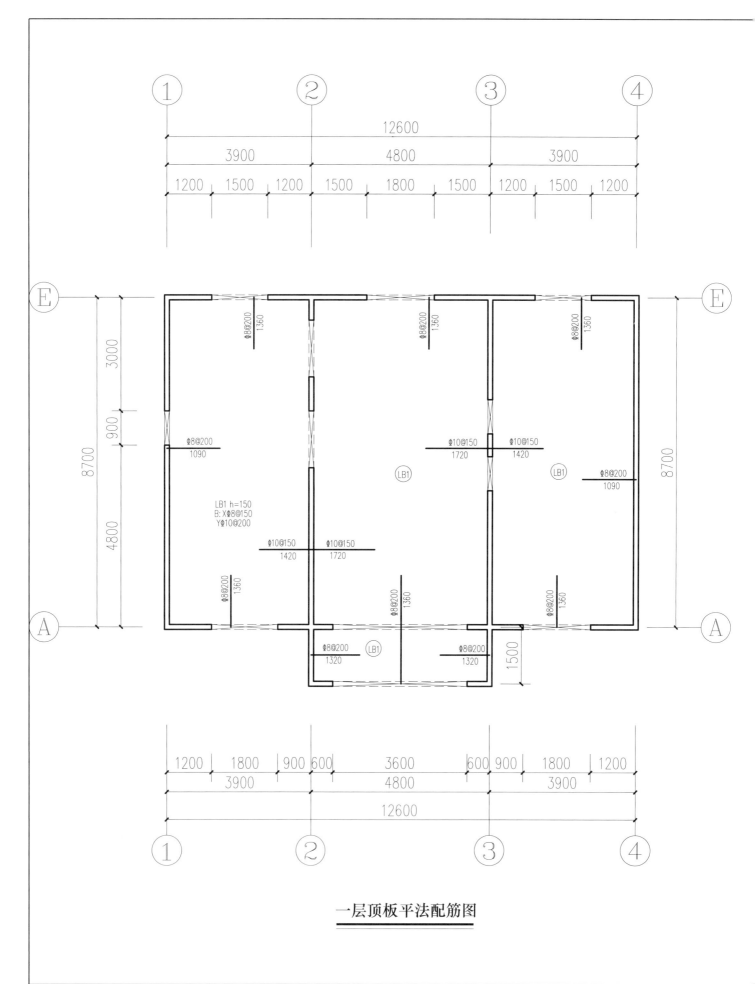

一层顶板平法配筋图

楼面免拆模板系统设计说明：

1. 本层现浇实心楼面免拆模板采用 C30 混凝土，采用 HRB400（Φ）钢筋，也可使用 HRB335（Φ）钢筋等强代换。

2. 楼面免拆模板顶标高除注明外均为 3.260m。

3. 未注明的梁均轴线居中或与墙、柱边齐。未标板正筋均采用双向Φ8@200 布置。

4. 楼面免拆模板拉通钢筋需要搭接时，上部钢筋在跨中搭接，下部钢筋在支座处搭接，拉通钢筋长度随平面尺寸调整。

5. 虚线洞口表示后浇管井板，施工时先按配筋图要求绑扎楼板钢筋，待管道安装完毕后再浇筑楼板混凝土。

6. 未设梁的洞口加强筋为每边 2Φ14。

图册名称	装配式空腔模块低能耗抗灾房屋建造图册	户型名称	户型 B	图号
		图纸名称	一层顶板平法配筋图	B-8

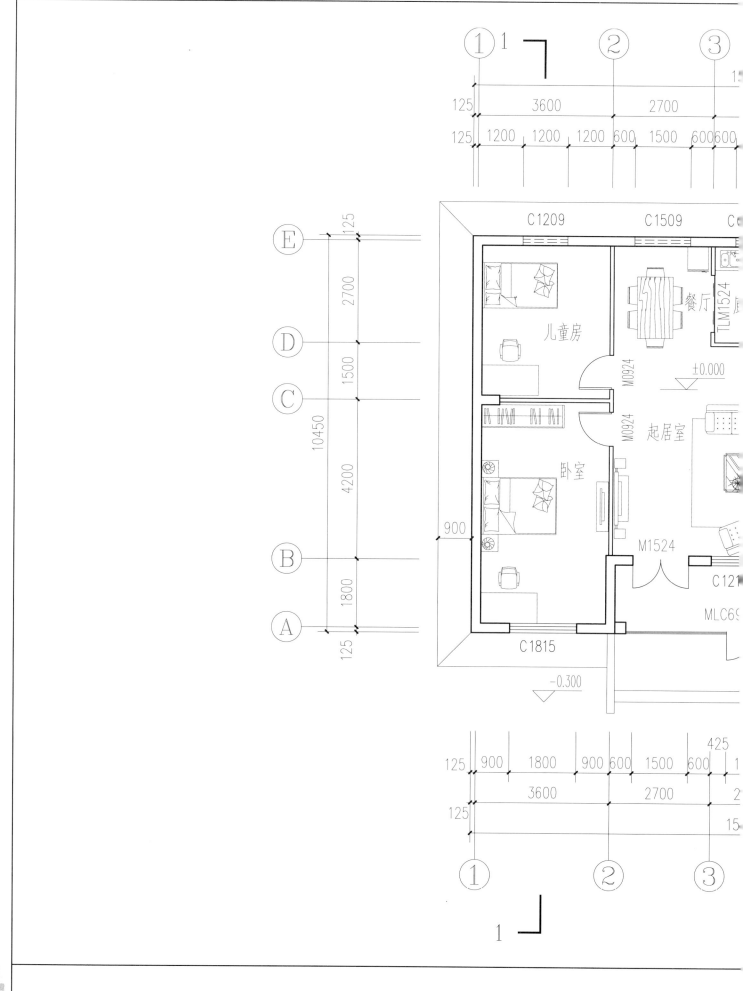

① 1   ②   ③

125   3600   2700

125 1200 1200 1200 600 1500 600600

C1209   C1509   C

E   125

D   2700

C   1500

B   4200

A   1800

125

10450

900

C1209   C1509

儿童房   餐厅

M0924   ±0.000

M0924   起居室

卧室

M1524

C12

MLC69

C1815

−0.300

425

125 900 1800 900 600 1500 600

3600   2700

125

15

①   ②   ③

1

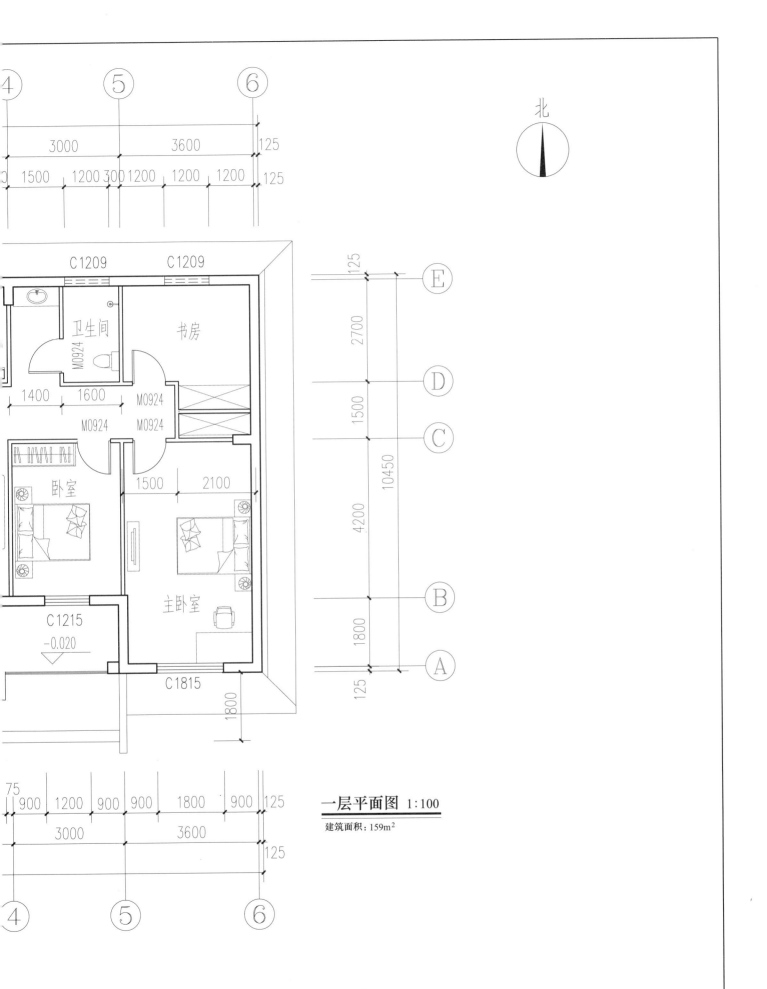

一层平面图 1:100

建筑面积：159m²

图册名称	装配式空腔模块低能耗抗灾房屋建造图册	户型名称	户型C	图号	39
		图纸名称	一层平面图	C-1	

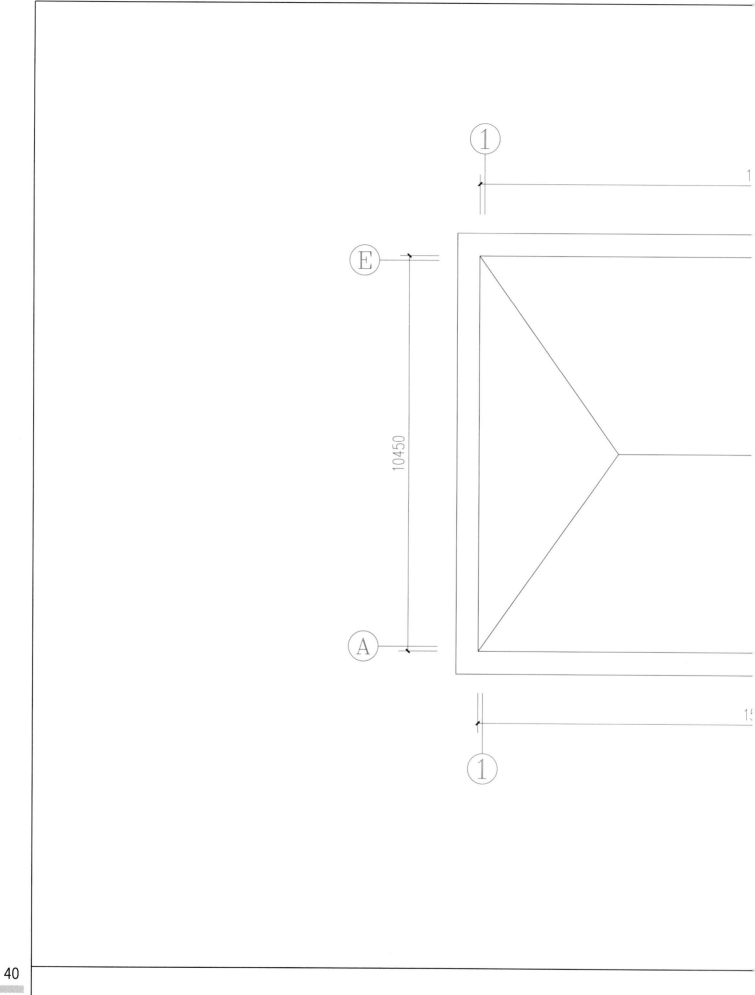

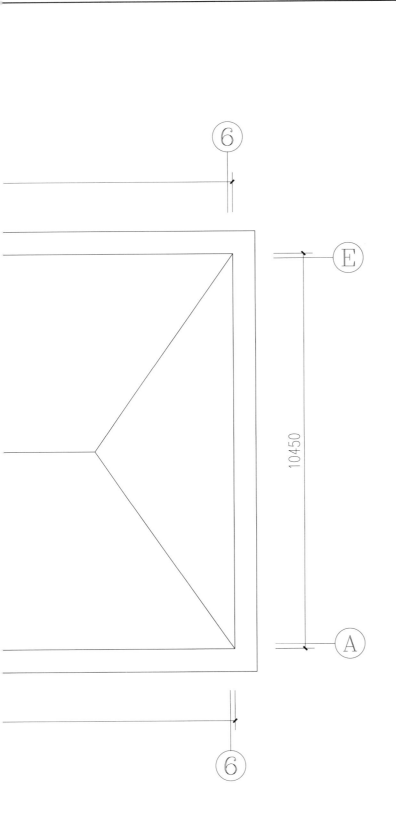

⑥

Ⓔ

10450

Ⓐ

⑥

屋顶平面图　1:100

图册名称	装配式空腔模块低能耗抗灾房屋建造图册	户型名称	户型C	图号	
		图纸名称	屋顶平面图	C-2	

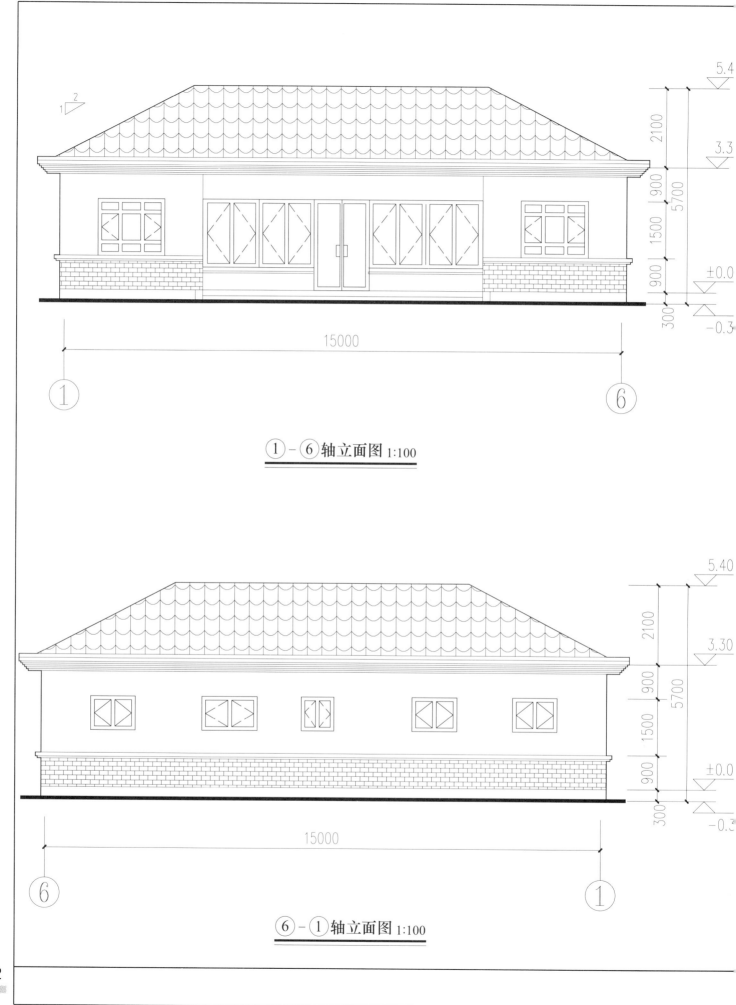

①—⑥轴立面图 1:100

⑥—①轴立面图 1:100

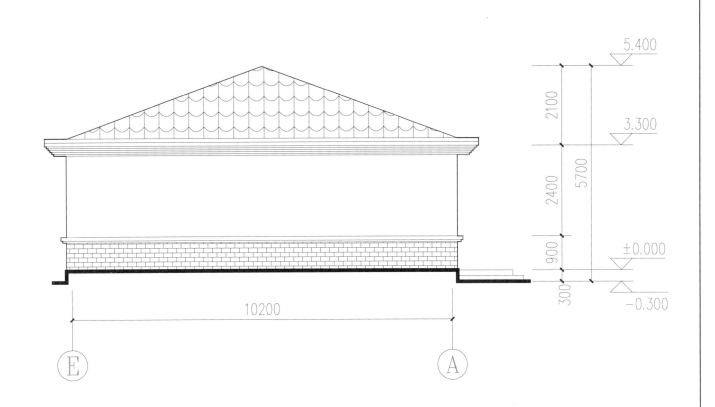

$\underline{\text{Ⓔ}-\text{Ⓐ}}$轴立面图 1:100

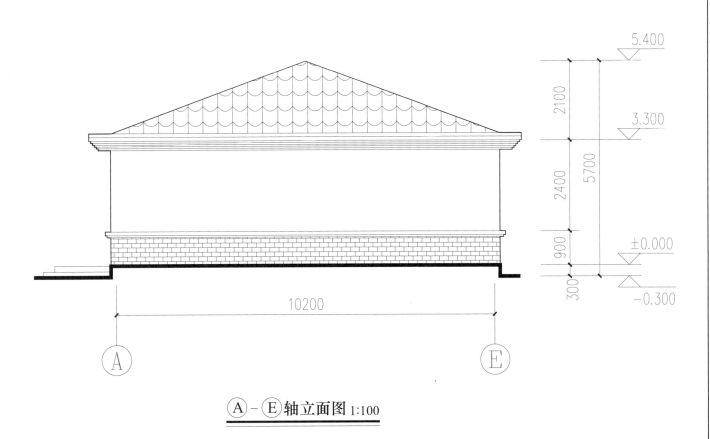

$\underline{\text{Ⓐ}-\text{Ⓔ}}$轴立面图 1:100

图册名称	装配式空腔模块低能耗抗灾房屋建造图册	户型名称	户型 C	图号	43
		图纸名称	立面图	C-3	

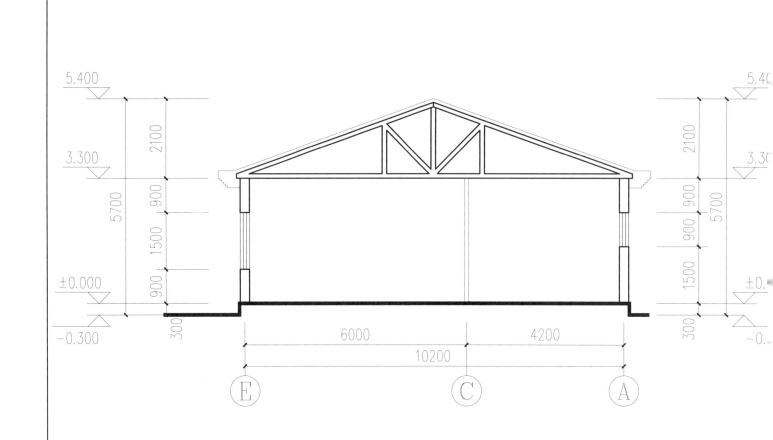

1-1剖面图 1:100

门窗详图

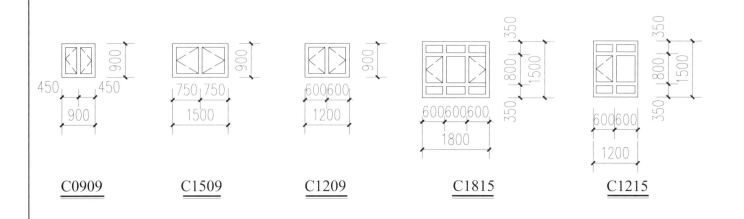

C0909   C1509   C1209   C1815   C1215

门窗汇总表

类型	设计编号	洞口尺寸(mm)	数量		门窗名称
			1层	合计	
普通门	M0924	900×2400	6	6	高级实木门
	M1524	1500×2400	1	1	高级实木门
推拉门	TLM1524	1500×2400	1	1	平开塑钢推拉门
门连窗	MLC6924	690×2400	1	1	平开塑钢推拉门
普通窗	C0909	900×900	1	1	单框双层玻璃平开塑钢窗
	C1209	1200×900	3	3	单框双层玻璃平开塑钢窗
	C1509	1500×900	1	1	单框双层玻璃平开塑钢窗
	C1815	1800×1500	2	2	单框双层玻璃平开塑钢窗
	C1215	1200×1500	2	2	单框双层玻璃平开塑钢窗

注：1. 本表中所给的塑钢门窗尺寸均为洞口尺寸，详图及构造由符合国家标准的生产厂家提供。

2. 本图中所给的塑钢门窗尺寸均为洞口及分格尺寸，具体做法及安装由生产厂家负责。

3. 门窗加工前需复核洞口尺寸及数量。

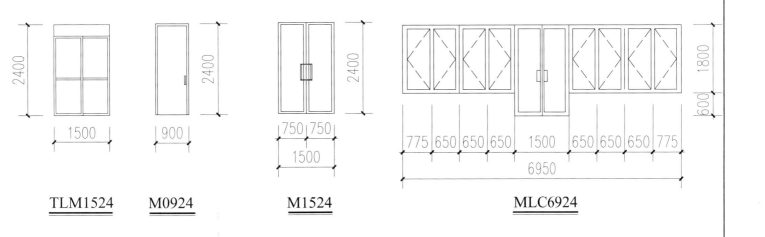

TLM1524	M0924	M1524	MLC6924

图册名称	装配式空腔模块低能耗抗灾房屋建造图册	户型名称	户型C	图号	45
		图纸名称	剖面图·门窗详图	C-4	

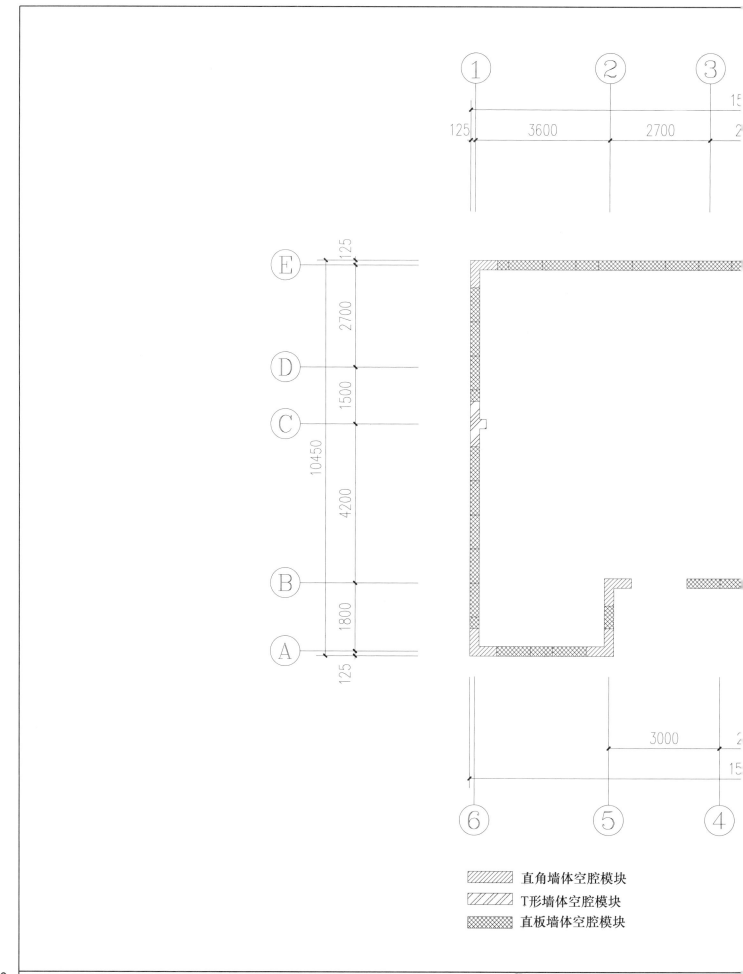

直角墙体空腔模块

T形墙体空腔模块

直板墙体空腔模块

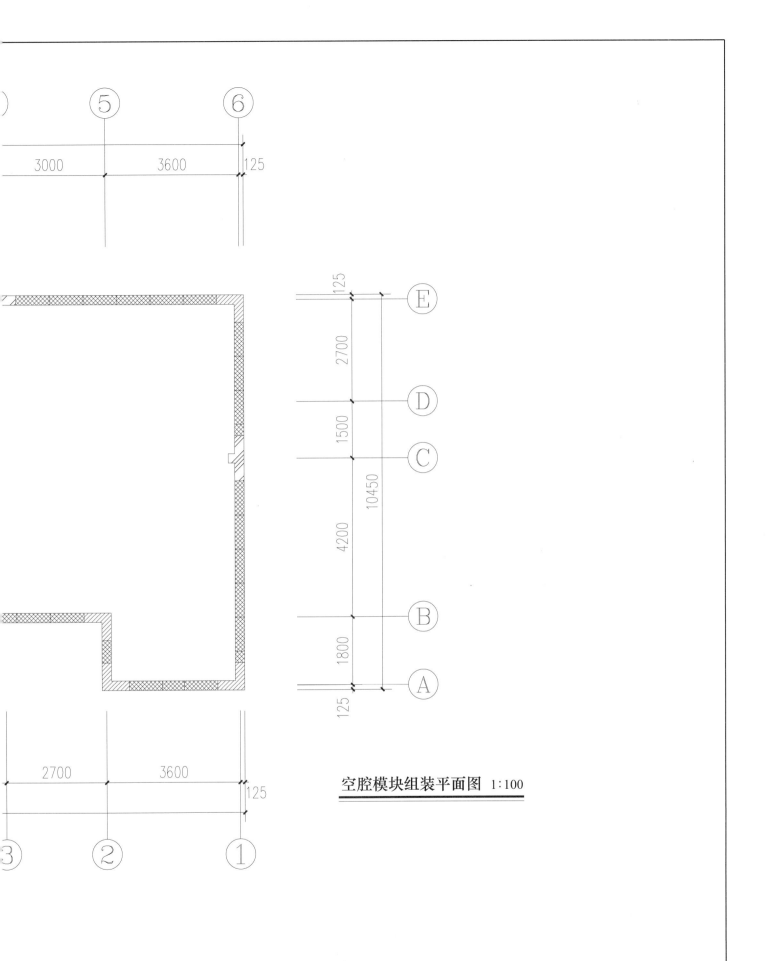

空腔模块组装平面图 1:100

| 图册名称 | 装配式空腔模块低能耗抗灾房屋建造图册 | 户型名称 | 户型C | 图号 | 47 |
| | | 图纸名称 | 空腔模块组装平面图 | C-5 | |

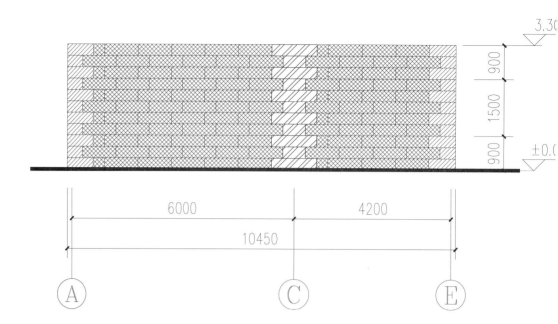

3.30

900
900
1500
900
±0.0

6000   4200
10450

Ⓐ   Ⓒ   Ⓔ

Ⓐ－Ⓔ轴空腔模块组装立面图 1:100

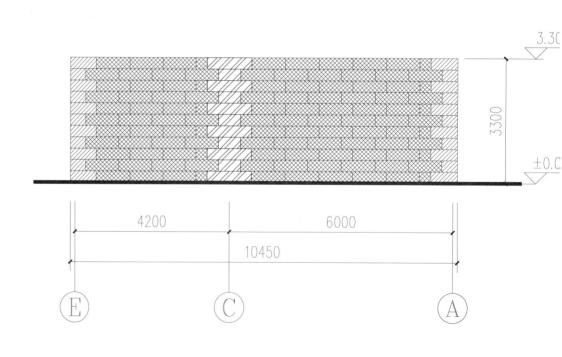

3.30

3300

±0.0

4200   6000
10450

Ⓔ   Ⓒ   Ⓐ

Ⓔ－Ⓐ轴空腔模块组装立面图 1:100

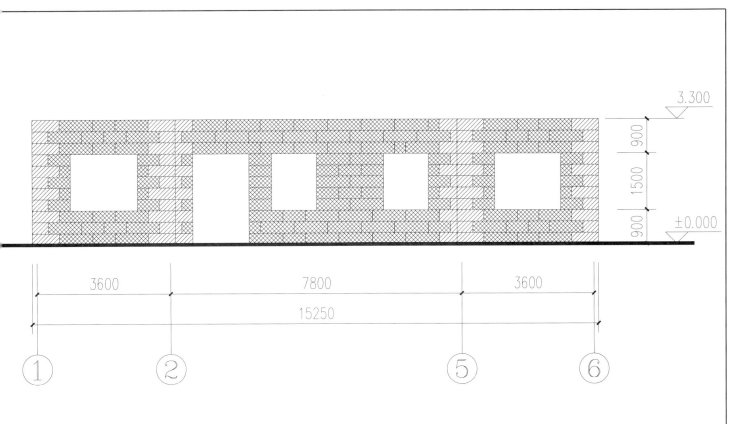

①－⑥轴空腔模块组装立面图 1:100

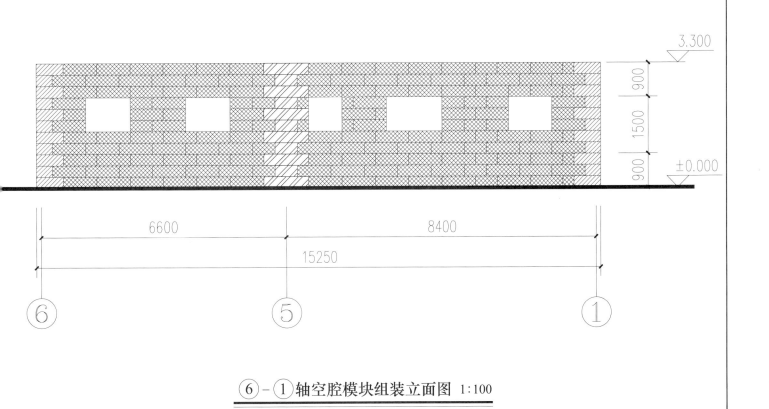

⑥－①轴空腔模块组装立面图 1:100

图册名称	装配式空腔模块低能耗抗灾房屋建造图册	户型名称	户型 C	图号	
		图纸名称	空腔模块组装立面图	C-6	

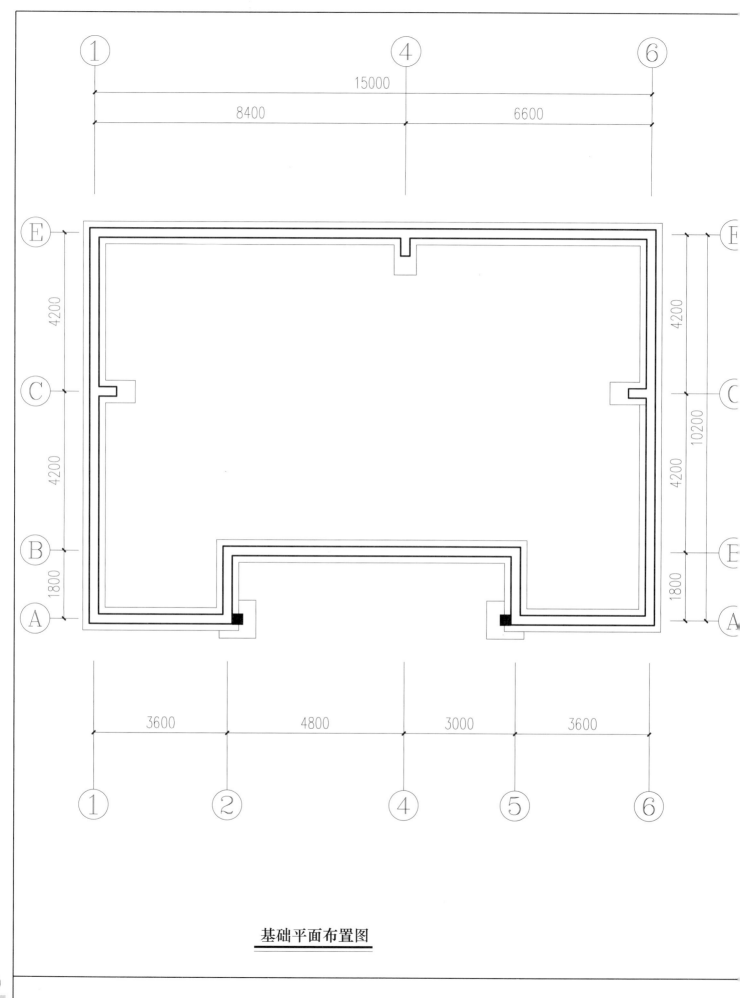

基础平面布置图

基础设计说明：

一、材料：混凝土强度等级为 C30，垫层为 100mm 厚 C15 素混凝土。

二、本项设计暂按地基承载力特征值为 150kPa 进行地基基础设计，标准冻深暂定为 0.6m，采用墙下条形基础，基础埋深同标准冻深；工程正式开工前应委托相关单位对本建设场地进行工程地质勘察，并应根据地质勘察报告对本工程设计进行复核修改。

三、基础施工注意事项：

  1. 开挖基槽时，在基础底设计标高以上，预留 200mm 厚待挖，待基础施工时，再挖至基础设计标高。

  2. 开挖基槽时，如遇菜窖、枯井、人防工事、软弱土层等异常情况，应立即联系相关单位处理。

  3. 基槽开挖完毕，基础施工之前应会同勘察设计单位验槽，如遇与地质报告不符的情况，由勘察、设计、施工人员协商解决。

  4. 基础施工时及后期使用时应做好场地防水、排水措施，严禁地基土浸水。

  5. 基底超挖部分应用级配砂石回填至设计标高，其他超挖部分用黏土分层回填夯实。

四、图中标高以 m 为单位，尺寸以 mm 为单位；未特殊注明尺寸的构造柱均按轴线对中定位，框架柱定位尺寸见详图。

五、本工程施工时应符合国家现行相关施工验收规范和规程。

六、室内回填土压实系数不小于 0.94。

七、本工程未考虑冬期施工，且基础施工过程中严禁基底下残留冻土。

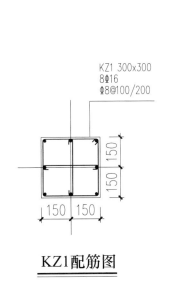

KZ1配筋图

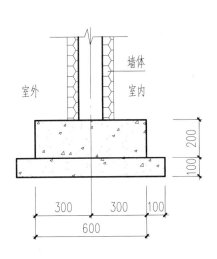

墙下基础剖面

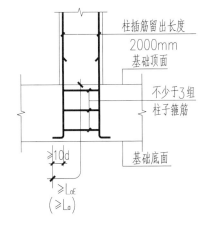

基础预留柱子插筋(纵向钢筋)

图册名称	装配式空腔模块低能耗抗灾房屋建造图册	户型名称	户型 C	图号
		图纸名称	基础平面布置图	C-7

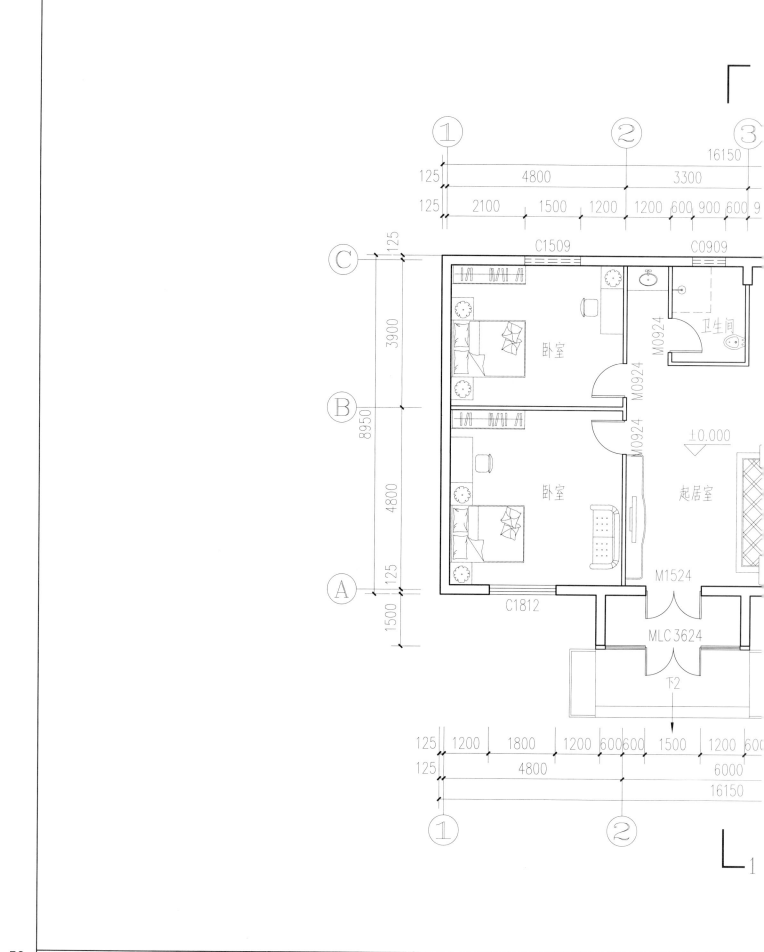

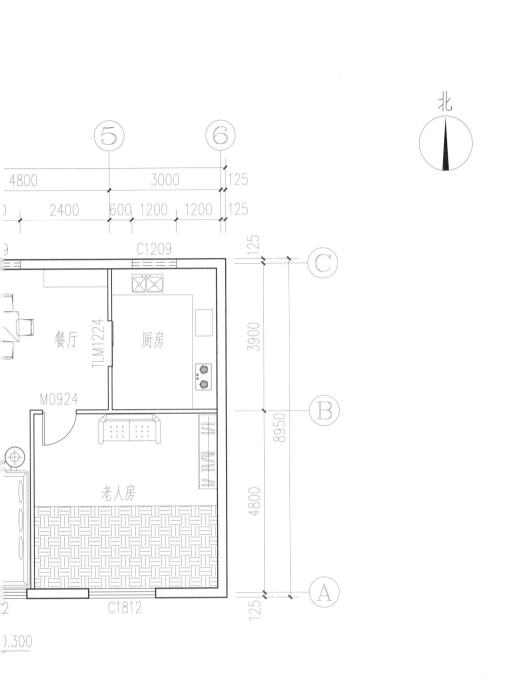

北

⑤ 4800 3000 125

2400 600 1200 1200 125

C1209

餐厅

TLM1224

厨房

M0924

老人房

C1812

0.300

一层平面图 1:100

建筑面积：150m²

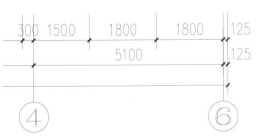

300 1500 1800 1800 125

5100 125

④ ⑥

⑥

125

C

3900

B

8950

4800

A

125

图册名称	装配式空腔模块低能耗抗灾房屋建造图册	户型名称	户型 D	图号
		图纸名称	一层平面图	D-1

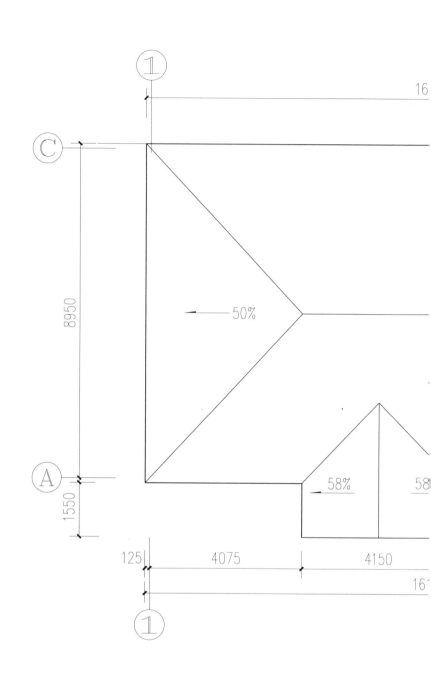

16

C

8950

50%

A

1550

58%   58

125   4075   4150

16

1

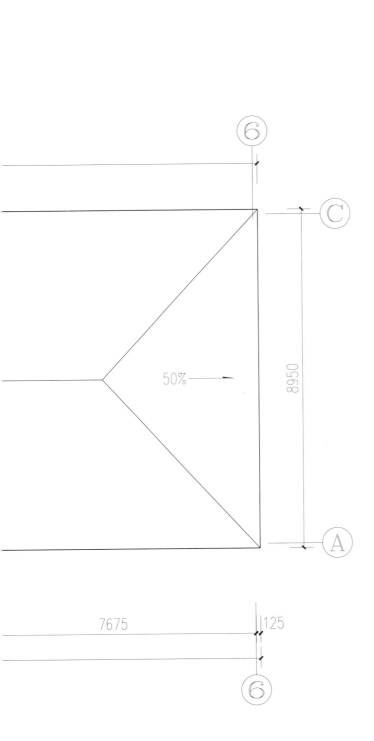

⑥

Ⓒ

8950

Ⓐ

50% →

7675 | 125

⑥

顶平面图 1:100

图册名称	装配式空腔模块低能耗抗灾房屋建造图册	户型名称	户型 D	图号	
		图纸名称	屋顶平面图	D-2	

①-⑥轴立面图 1:100

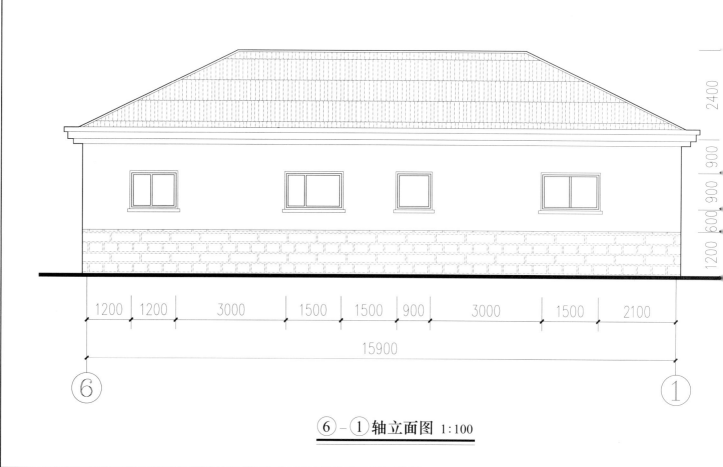

⑥-①轴立面图 1:100

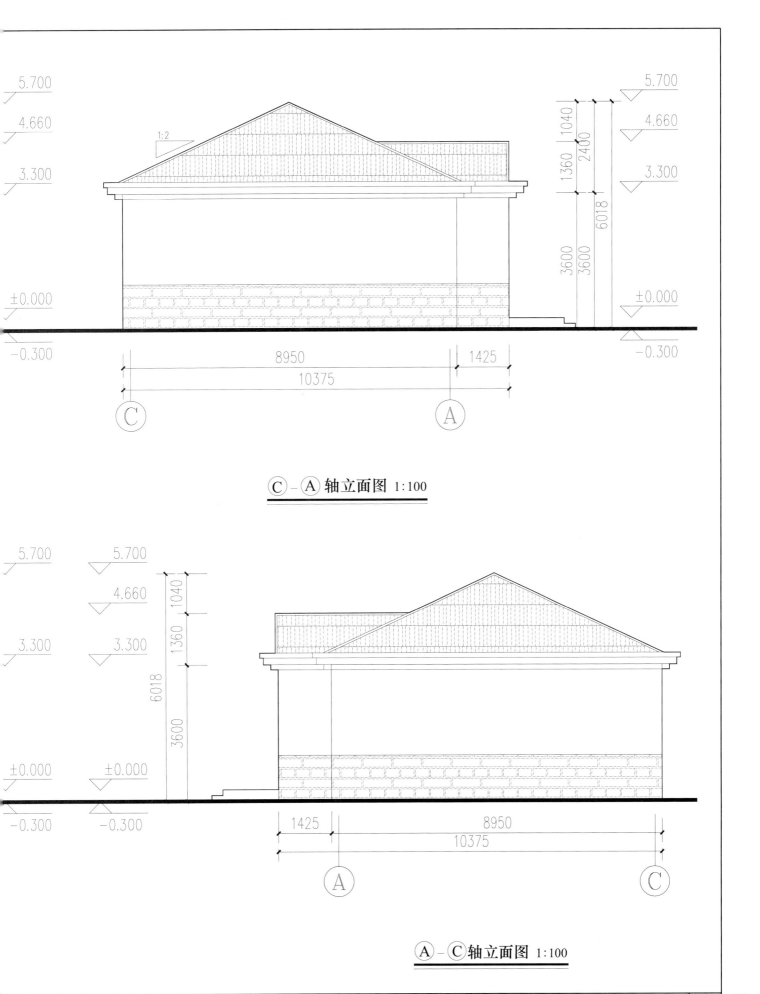

C–A 轴立面图 1:100

A–C 轴立面图 1:100

图册名称	装配式空腔模块低能耗抗灾房屋建造图册	户型名称	户型 D	图号
		图纸名称	立面图	D-3

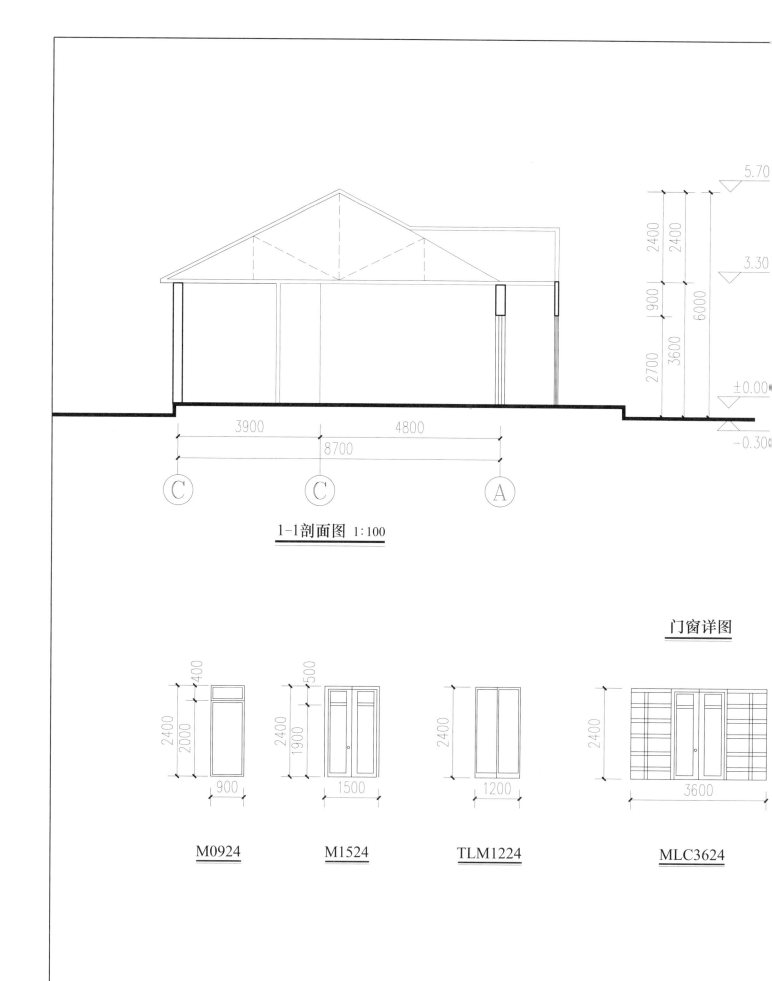

1-1剖面图 1:100

门窗详图

M0924   M1524   TLM1224   MLC3624

门窗汇总表

类型	设计编号	洞口尺寸(mm)	数量 1层	数量 合计	门窗名称
普通门	M0924	900×2400	4	4	高级实木门
外门	M1524	1500×2400	1	1	保温防盗门
推拉门	TLM1224	1200×2400	1	1	单框双层玻璃平开塑钢推拉门
门连窗	MLC3624	3600×2400	1	1	单框双层玻璃塑钢门连窗
普通窗	C1815	1800×1500	3	3	单框双层玻璃平开塑钢窗
高窗	C1509	1500×900	2	2	单框双层玻璃平开塑钢窗
	C1209	1200×900	1	1	单框双层玻璃平开塑钢窗
	C0909	900×900	1	1	单框双层玻璃平开塑钢窗

注：1. 本表中所给的塑钢门窗尺寸均为洞口尺寸，详图及构造由符合国家标准的生产厂家提供。

2. 本图中所给的塑钢门窗尺寸均为洞口及分格尺寸，具体做法及安装由生产厂家负责。

3. 门窗加工前需复核洞口尺寸及数量。

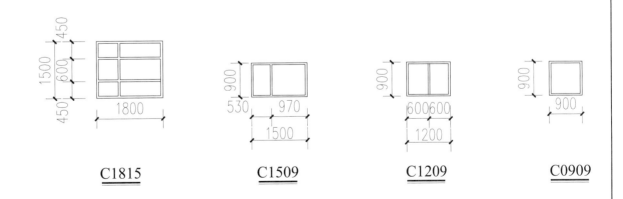

C1815   C1509   C1209   C0909

图册名称	装配式空腔模块低能耗抗灾房屋建造图册	户型名称	户型 D	图号
		图纸名称	剖面图·门窗详图	D-4

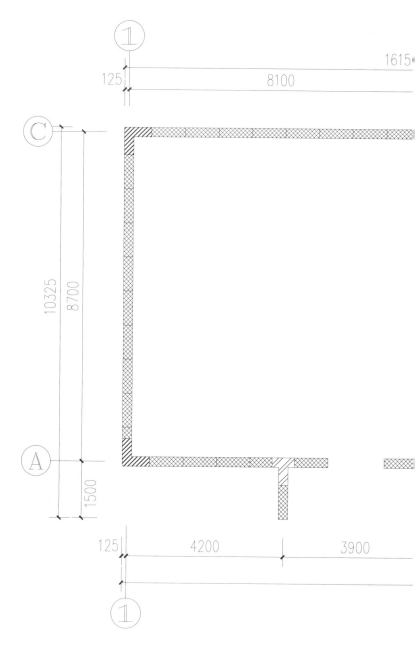

直角墙体空腔模块
T形墙体空腔模块
直板墙体空腔模块

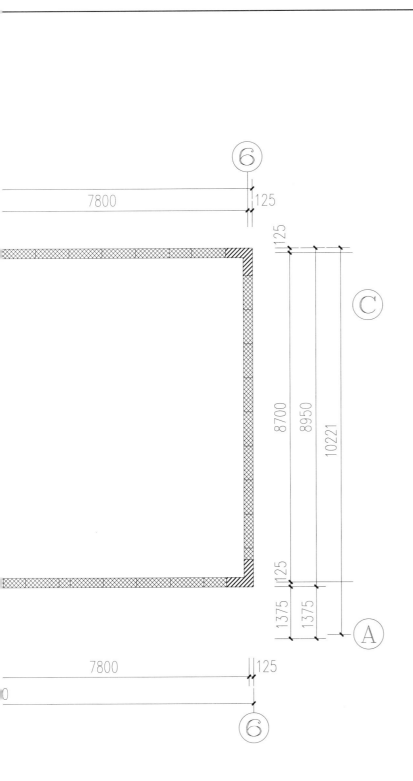

空腔模块组装平面图 1:100

图册名称	装配式空腔模块低能耗抗灾房屋建造图册	户型名称	户型 D	图号	
		图纸名称	空腔模块组装平面图	D-5	

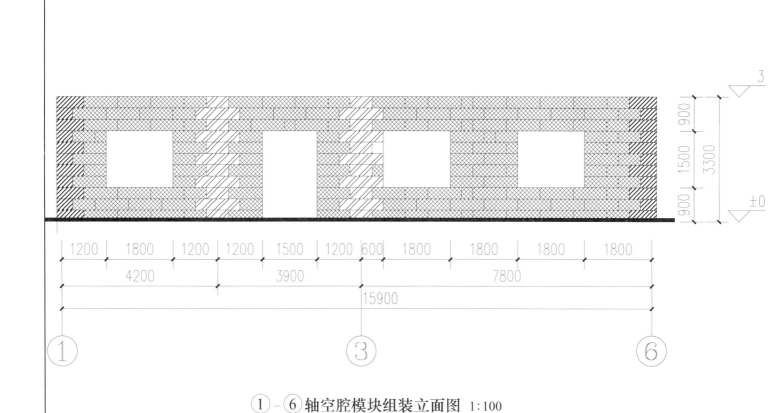

①－⑥轴空腔模块组装立面图 1:100

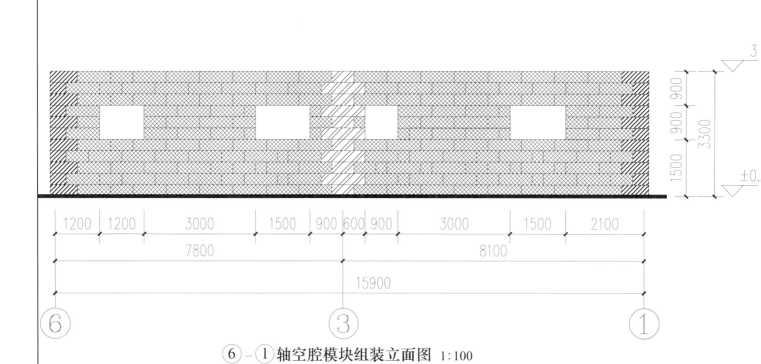

⑥－①轴空腔模块组装立面图 1:100

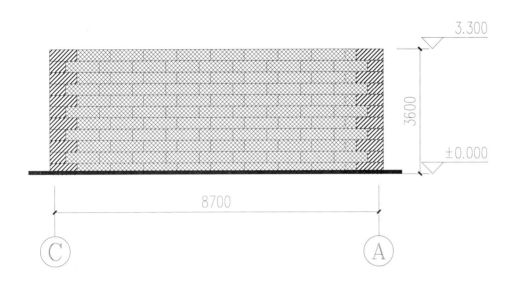

$\underline{\text{C}}$-$\underline{\text{A}}$轴空腔模块组装立面图 1:100

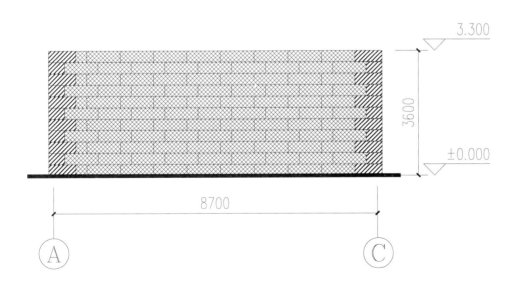

$\underline{\text{A}}$-$\underline{\text{C}}$轴空腔模块组装立面图 1:100

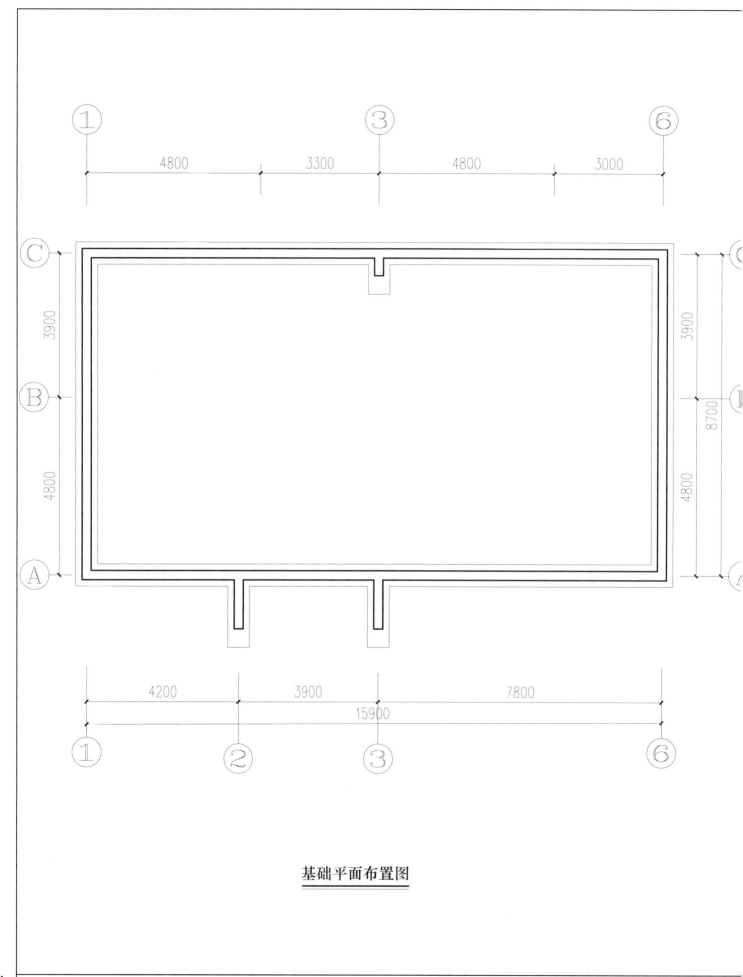

基础平面布置图

基础设计说明:

一、材料:混凝土强度等级为 C30,垫层为 100mm 厚 C15 素混凝土。

二、本项设计暂按地基承载力特征值为 150kPa 进行地基基础设计,标准冻深暂定为 0.6m,采用墙下条形基础,基础埋深同标准冻深;工程正式开工前应委托相关单位对本建设场地进行工程地质勘察,并应根据地质勘察报告对本工程设计进行复核修改。

三、基础施工注意事项:

1. 开挖基槽时,在基础底设计标高以上,预留 200mm 厚待挖,待基础施工时,再挖至基础设计标高。

2. 开挖基槽时,如遇菜窖、枯井、人防工事、软弱土层等异常情况,应立即联系相关单位处理。

3. 基槽开挖完毕,基础施工之前应会同勘察设计单位验槽,如遇与地质报告不符的情况,由勘察、设计、施工人员协商解决。

4. 基础施工时及后期使用时应做好场地防水、排水措施,严禁地基土浸水。

5. 基底超挖部分应用级配砂石回填至设计标高,其他超挖部分用黏土分层回填夯实。

四、图中标高以 m 为单位,尺寸以 mm 为单位;未特殊注明尺寸的构造柱均按轴线对中定位,框架柱定位尺寸见详图。

五、本工程施工时应符合国家现行相关施工验收规范和规程。

六、室内回填土压实系数不小于 0.94。

七、本工程未考虑冬期施工,且基础施工过程中严禁基底下残留冻土。

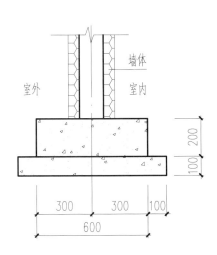

墙下基础剖面

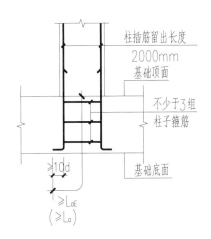

基础预留柱子插筋(纵向钢筋)

图册名称	装配式空腔模块低能耗抗灾房屋建造图册	户型名称	户型 D	图号
		图纸名称	基础平面布置图	**65**
				D-7

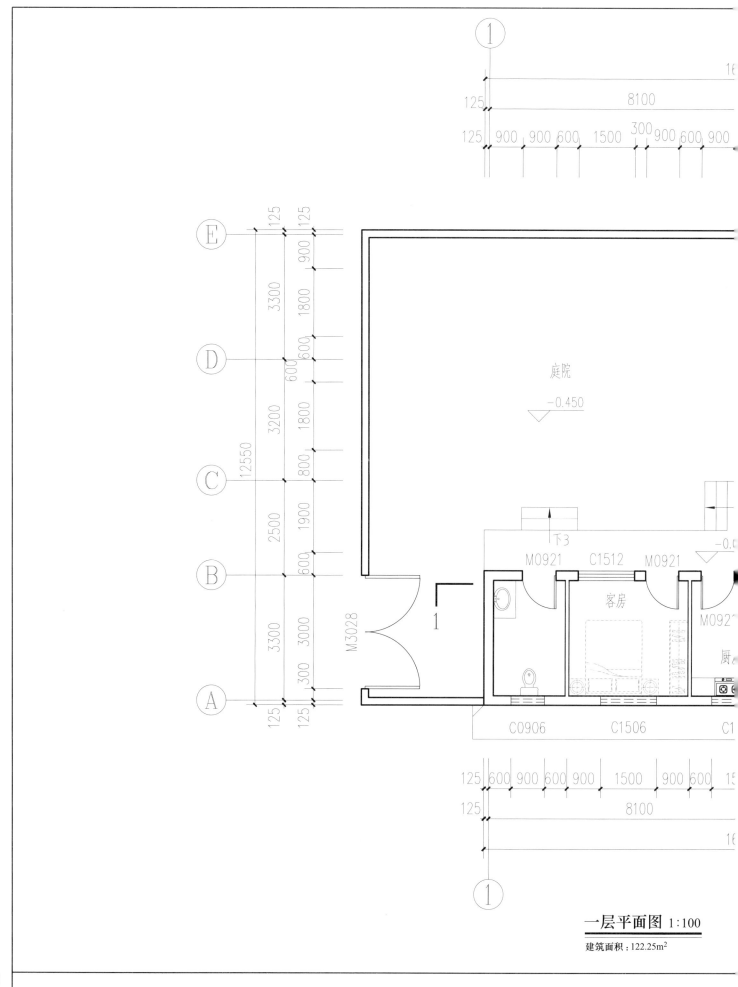

一层平面图 1:100

建筑面积：122.25m²

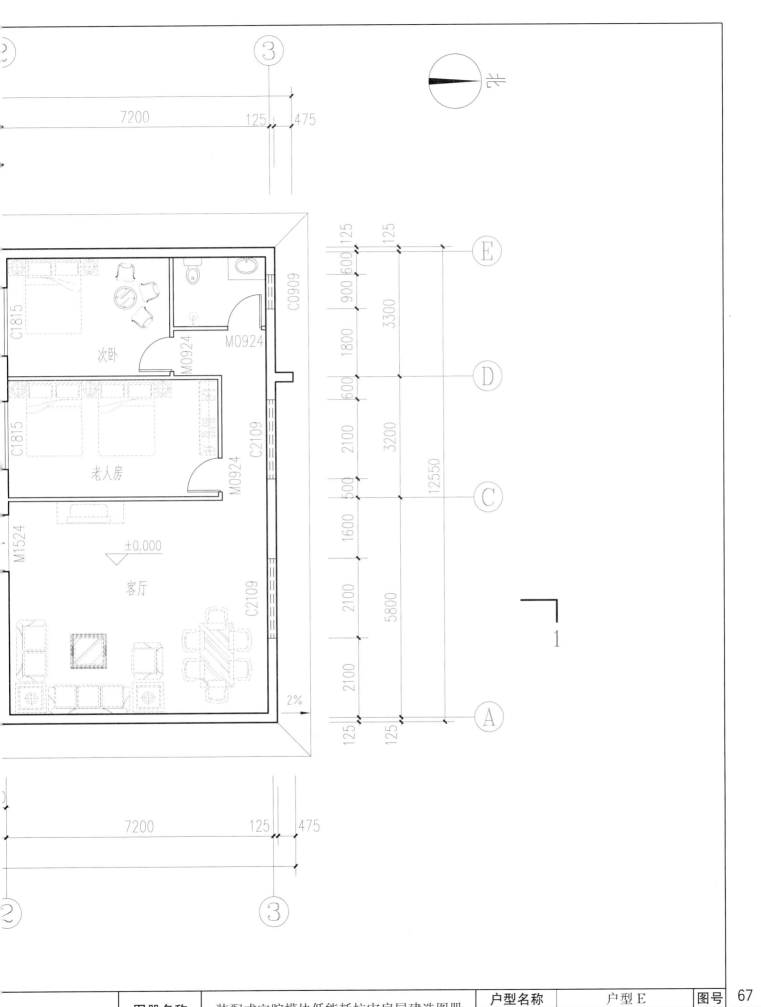

次卧

C1815

C0909

M0924

M0924

老人房

C1815

C2109

M0924

M1524

±0.000

客厅

C2109

2%

7200　　125　475

7200　　125　475

E

D

C

A

125
125
900 600 125
1800
600
2100
500
1600
2100
125

3300
3200
5800

12550

北

1

图册名称	装配式空腔模块低能耗抗灾房屋建造图册	户型名称	户型 E	图号
		图纸名称	一层平面图	E-1

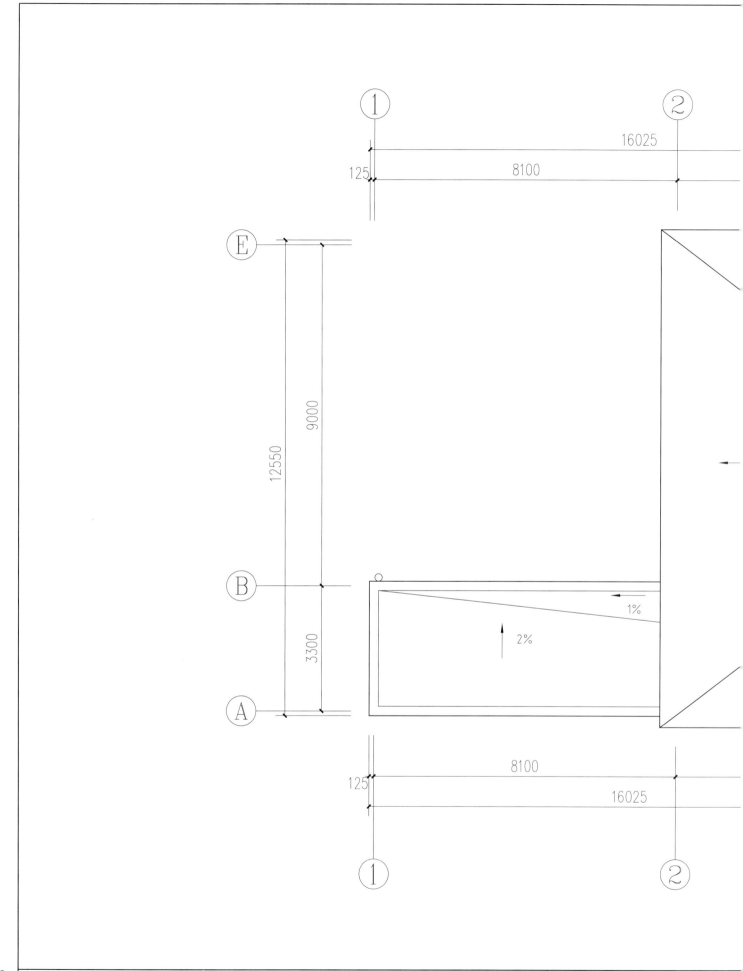

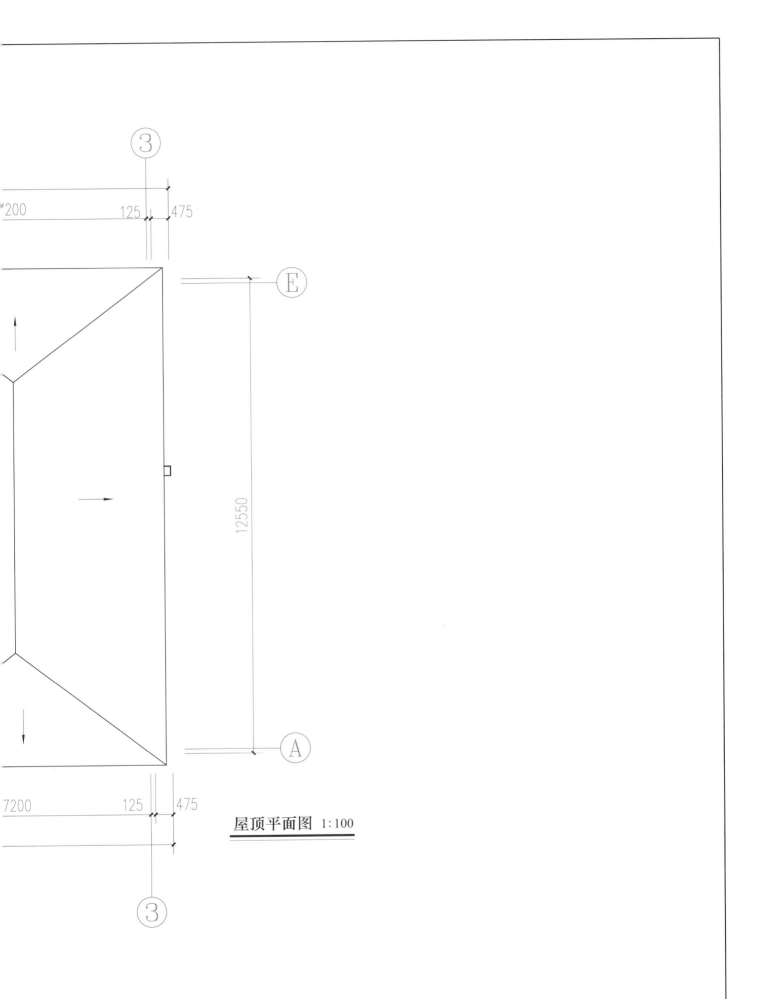

③

200   125   475

Ⓔ

12550

Ⓐ

7200   125   475

屋顶平面图 1:100

③

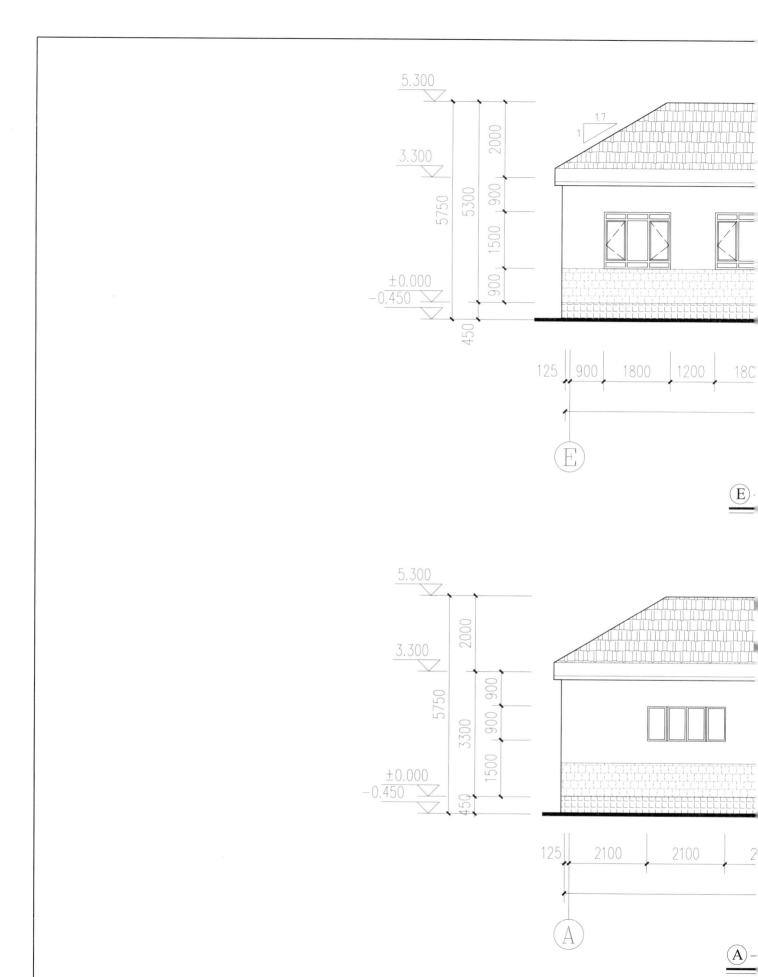

5.300

3.300

±0.000
−0.450

5300

5750

2000

900

1500

900

450

1 1.7

125 900 1800 1200 180

E

E

5.300

3.300

±0.000
−0.450

5750

3300

2000

900 900

1500

450

125 2100 2100 2

A

A

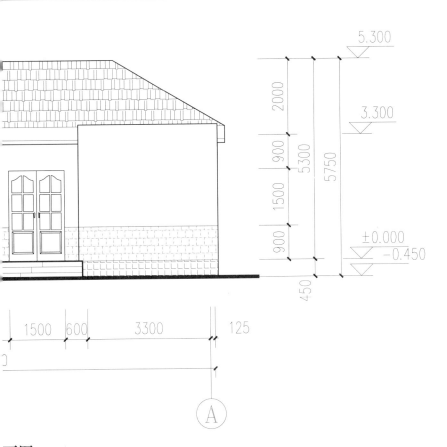

5.300

2000

3.300

900

5300

1500

5750

900

±0.000
−0.450

450

1500 600   3300   125

Ⓐ

面图 1:100

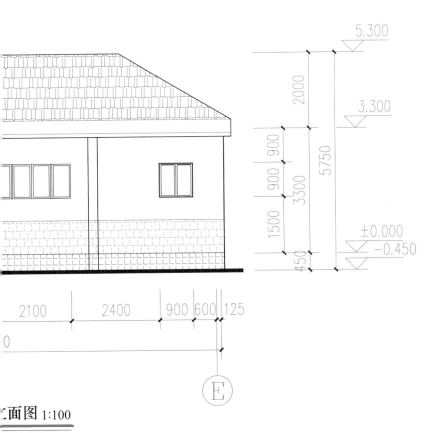

5.300

2000

3.300

900

900

5750

900

3300

1500

±0.000
−0.450

450

2100   2400   900 600 125

Ⓔ

立面图 1:100

| 图册名称 | 装配式空腔模块低能耗抗灾房屋建造图册 | 户型名称 | 户型 E | 图号 |
| | | 图纸名称 | 立面图 | E-3 |

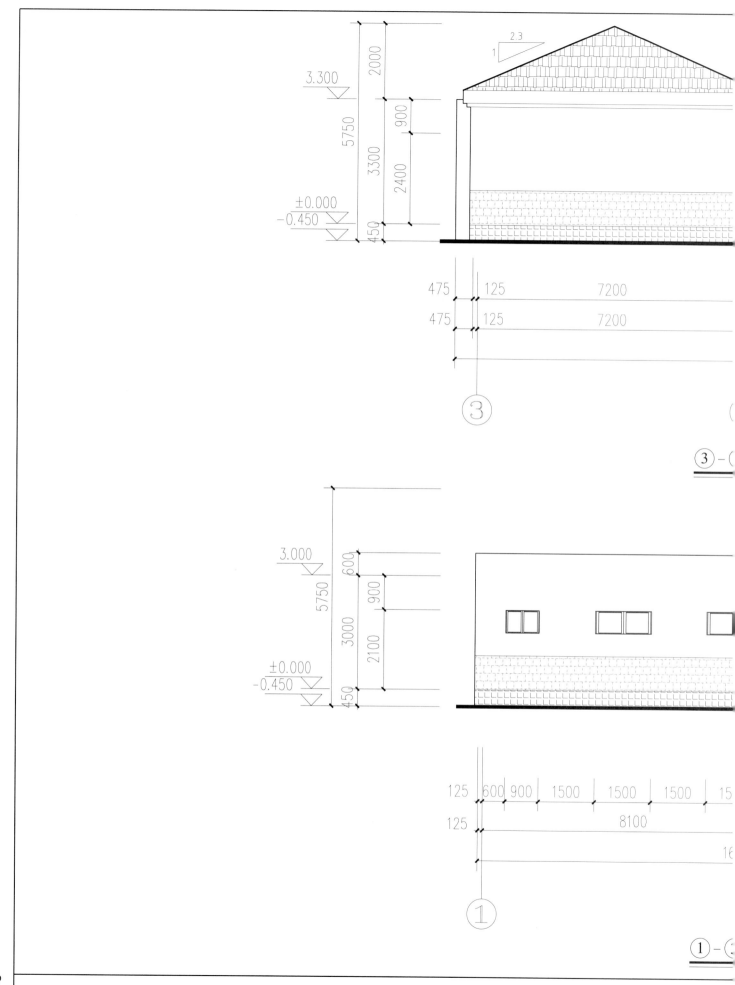

3.300

2000

900

2400

5750

3300

±0.000
−0.450

450

2.3

1

475 | 125 | 7200

475 | 125 | 7200

③

③ −

3.000

600

900

2100

5750

3000

±0.000
−0.450

450

125 | 600 | 900 | 1500 | 1500 | 1500 | 15

125 | 8100

16

①

① −

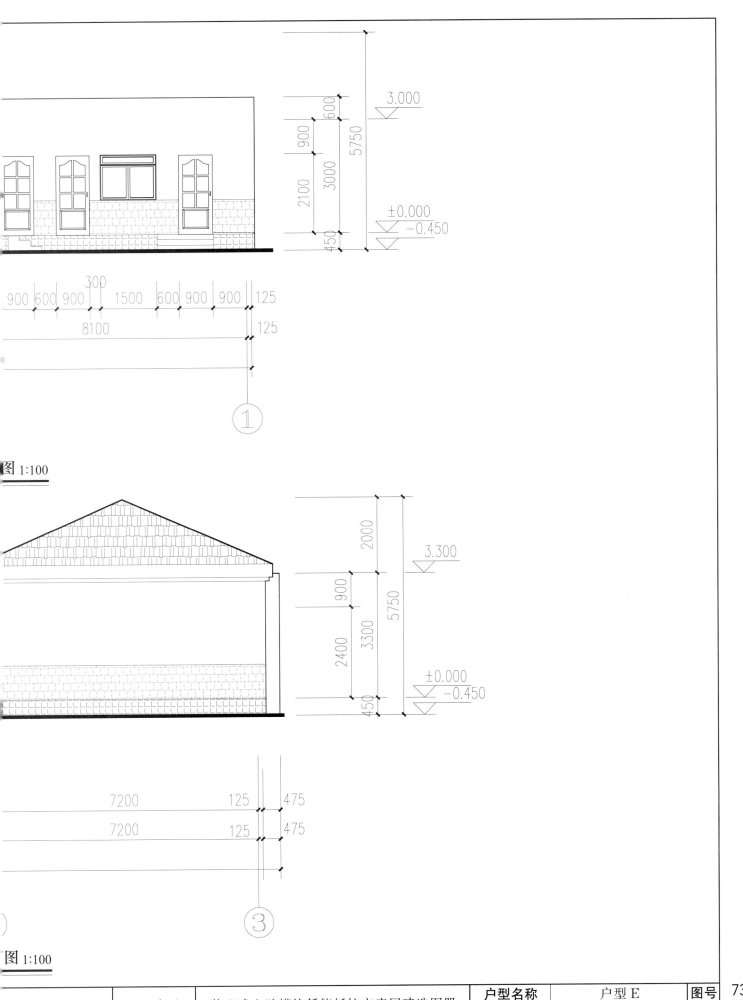

图 1:100

①

图 1:100

③

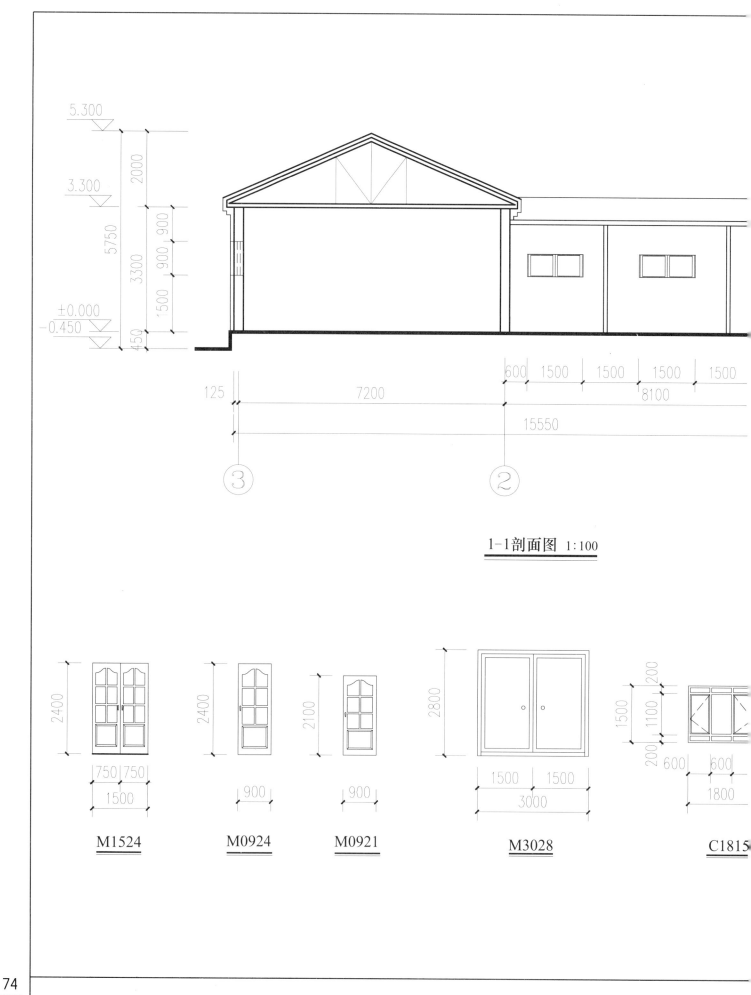

5.300

3.300

±0.000
−0.450

2000

900 900

5750

3300

1500

450

125

7200

600 1500 1500 1500 1500

8100

15550

③ ②

1-1剖面图 1:100

2400

750 750

1500

M1524

2400

900

M0924

2100

900

M0921

2800

1500 1500

3000

M3028

200

1500

1100

200

600 600

1800

C1815

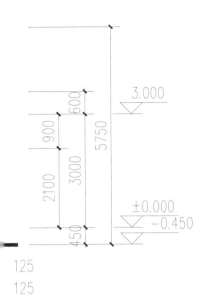

门窗表

类型	设计编号	洞口尺寸(mm)	数量	门窗名称
普通门	M0921	900×2100	3	高级实木门
	M0924	900×2400	3	保温防盗门
	M1524	1500×2400	1	保温防盗门
	M3028	3000×2800	1	防盗门
普通窗	C0906	900×600	1	单框双层玻璃平开塑钢窗
	C0909	900×900	1	单框双层玻璃平开塑钢窗
	C1506	1500×600	2	单框双层玻璃平开塑钢窗
	C1512	1500×1200	1	单框双层玻璃平开塑钢窗
	C1815	1800×1500	2	单框双层玻璃平开塑钢窗
	C2109	2100×900	2	单框双层玻璃平开塑钢窗

注：1. 本表中所给的塑钢门窗尺寸均为洞口尺寸，详图及构造由符合国家标准的生产厂家提供。

2. 本图中所给的塑钢门窗尺寸均为洞口及分格尺寸，具体做法及安装由生产厂家负责。

3. 门窗加工前需复核洞口尺寸及数量。

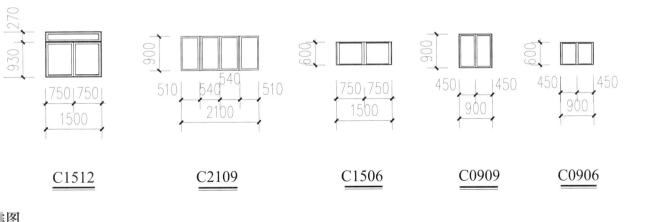

图册名称	装配式空腔模块低能耗抗灾房屋建造图册	户型名称	户型E	图号
		图纸名称	剖面图·门窗详图	E-5

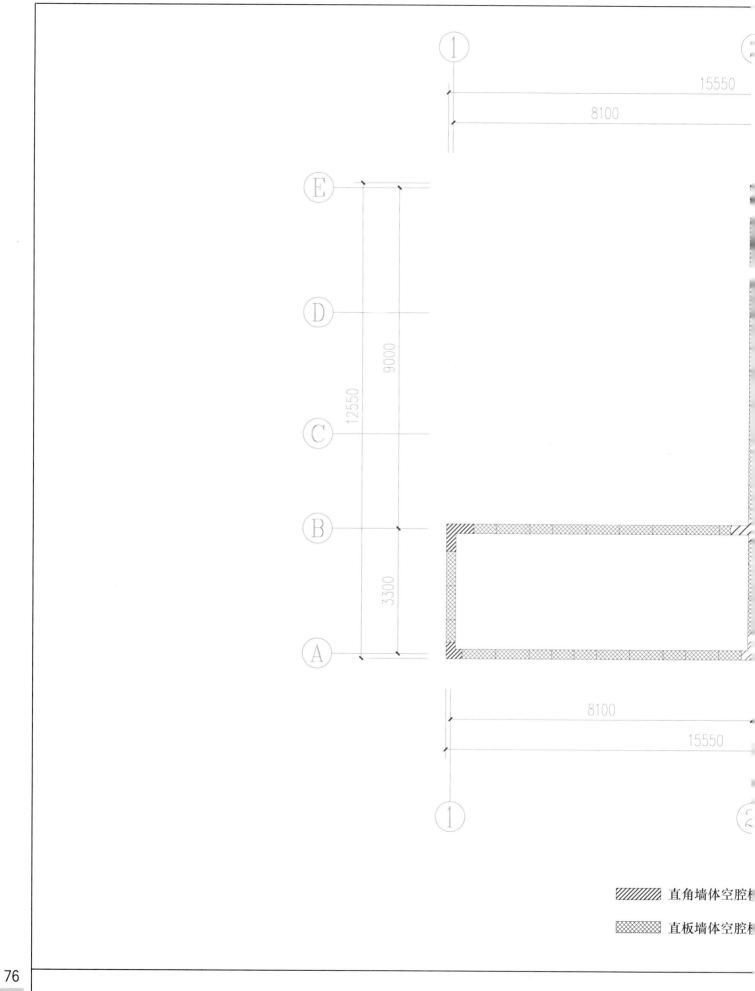

直角墙体空腔

直板墙体空腔

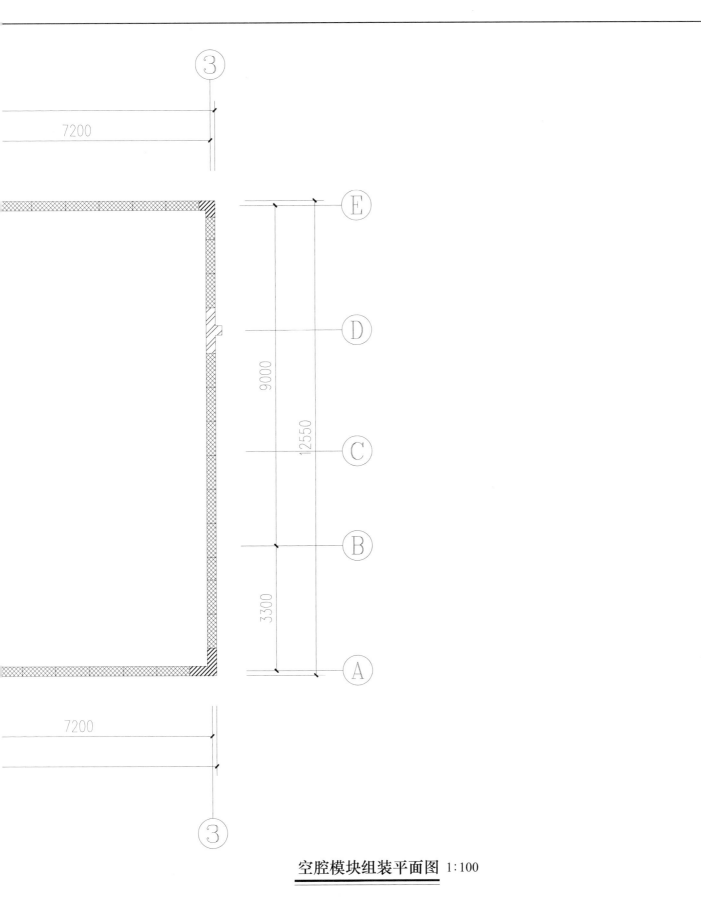

③

7200

Ⓔ

Ⓓ

9000

12550

Ⓒ

Ⓑ

3300

Ⓐ

7200

③

空腔模块组装平面图 1:100

///// T形墙体空腔模块

///// 十字形墙体空腔模块

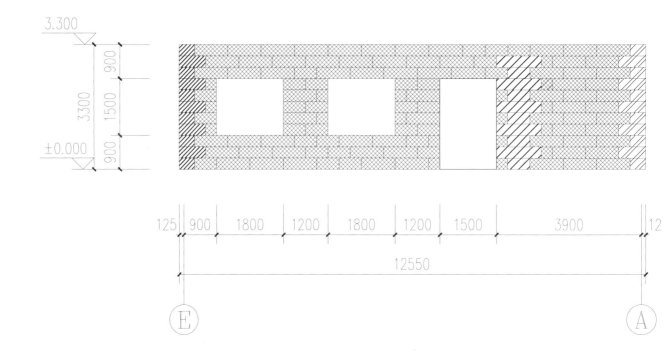

3.300

900

3300 1500

±0.000

900

125 900 1800 1200 1800 1200 1500 3900 12

12550

Ⓔ Ⓐ

Ⓔ－Ⓐ 轴空腔模块立面图 (主屋) 1:100

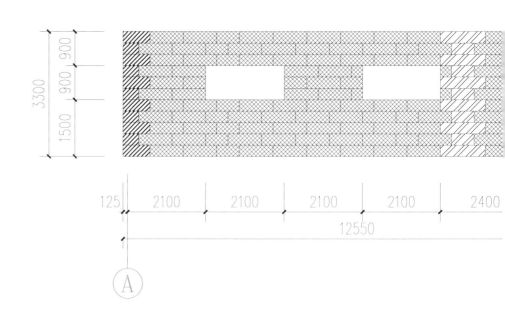

900

3300 900

900

1500

125 2100 2100 2100 2100 2400

12550

Ⓐ

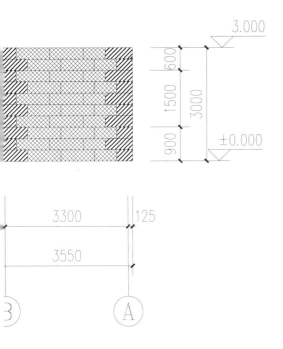

3.000

600

1500

3000

900

±0.000

3300

125

3550

③

Ⓐ

－Ⓐ轴空腔模块组装立面图(厢房) 1:100

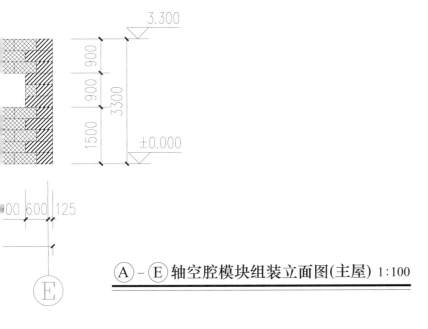

3.300

900

900

3300

1500

±0.000

00 600 125

Ⓔ

Ⓐ－Ⓔ轴空腔模块组装立面图(主屋) 1:100

图册名称	装配式空腔模块低能耗抗灾房屋建造图册	户型名称	户型 E	图号	
		图纸名称	空腔模块组装立面图	E-7	79

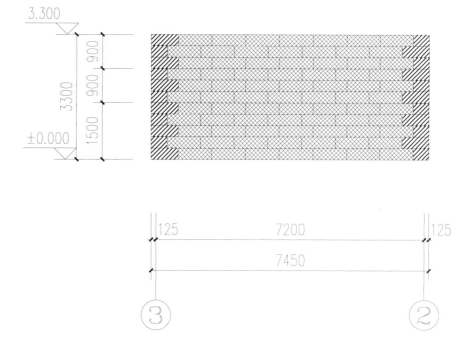

③－② 轴空腔模块组装立面图(主屋) 1:100

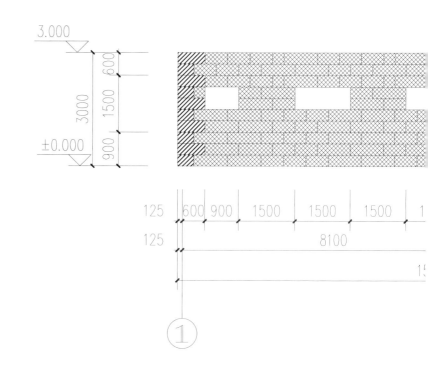

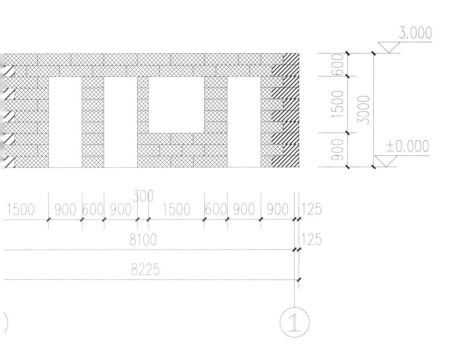

3.000

600
1500
3000
900

±0.000

1500 | 900 | 600 | 900 | 300 | 1500 | 600 | 900 | 900 | 125

8100 | 125

8225

①

②-① 轴空腔模块组装立面图(主屋) 1:100

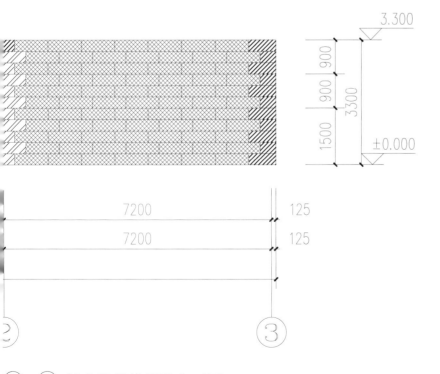

3.300

900
900
3300
1500

±0.000

7200 | 125

7200 | 125

③

①-③ 轴空腔模块组装立面图 1:100

图册名称	装配式空腔模块低能耗抗灾房屋建造图册	户型名称	户型 E	图号	81
		图纸名称	空腔模块组装立面图	E-8	

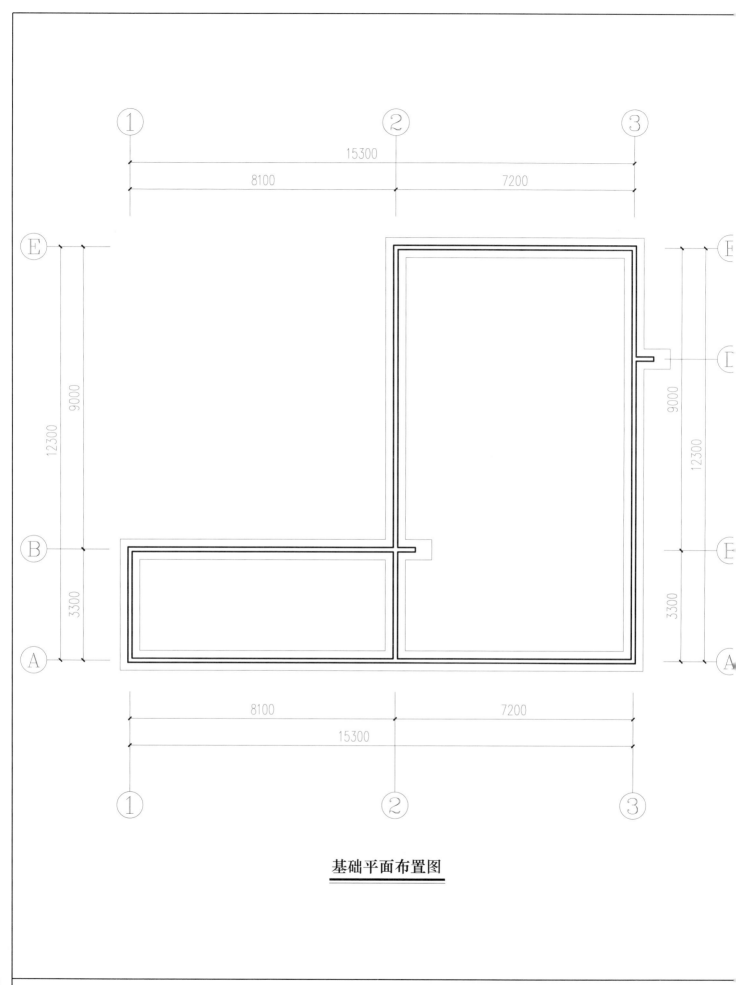

基础平面布置图

基础设计说明：

一、材料：混凝土强度等级为 C30，垫层为 100mm 厚 C15 素混凝土。

二、本项设计暂按地基承载力特征值为 150kPa 进行地基基础设计，标准冻深暂定为 0.6m，采用墙下条形基础，基础埋深同标准冻深；工程正式开工前应委托相关单位对本建设场地进行工程地质勘察，并应根据地质勘察报告对本工程设计进行复核修改。

三、基础施工注意事项：

　　1. 开挖基槽时，在基础底设计标高以上，预留 200mm 厚待挖，待基础施工时，再挖至基础设计标高。

　　2. 开挖基槽时，如遇菜窖、枯井、人防工事、软弱土层等异常情况，应立即联系相关单位处理。

　　3. 基槽开挖完毕，基础施工之前应会同勘察设计单位验槽，如遇与地质报告不符的情况，由勘察、设计、施工人员协商解决。

　　4. 基础施工时及后期使用时应做好场地防水、排水措施，严禁地基土浸水。

　　5. 基底超挖部分应用级配砂石回填至设计标高，其他超挖部分用黏土分层回填夯实。

四、图中标高以 m 为单位，尺寸以 mm 为单位；未特殊注明尺寸的构造柱均按轴线对中定位，框架柱定位尺寸见详图。

五、本工程施工时应符合国家现行相关施工验收规范和规程。

六、室内回填土压实系数不小于 0.94。

七、本工程未考虑冬期施工，且基础施工过程中严禁基底下残留冻土。

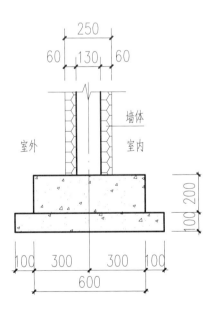

墙下基础剖面

基础预留柱子插筋(纵向钢筋)

柱插筋留出长度
2000mm
基础顶面

不少于3组
柱子箍筋

基础底面

≥10d

≥L_aE
(≥L_a)

图册名称	装配式空腔模块低能耗抗灾房屋建造图册	户型名称	户型 E	图号
		图纸名称	基础平面布置图	E-9

83

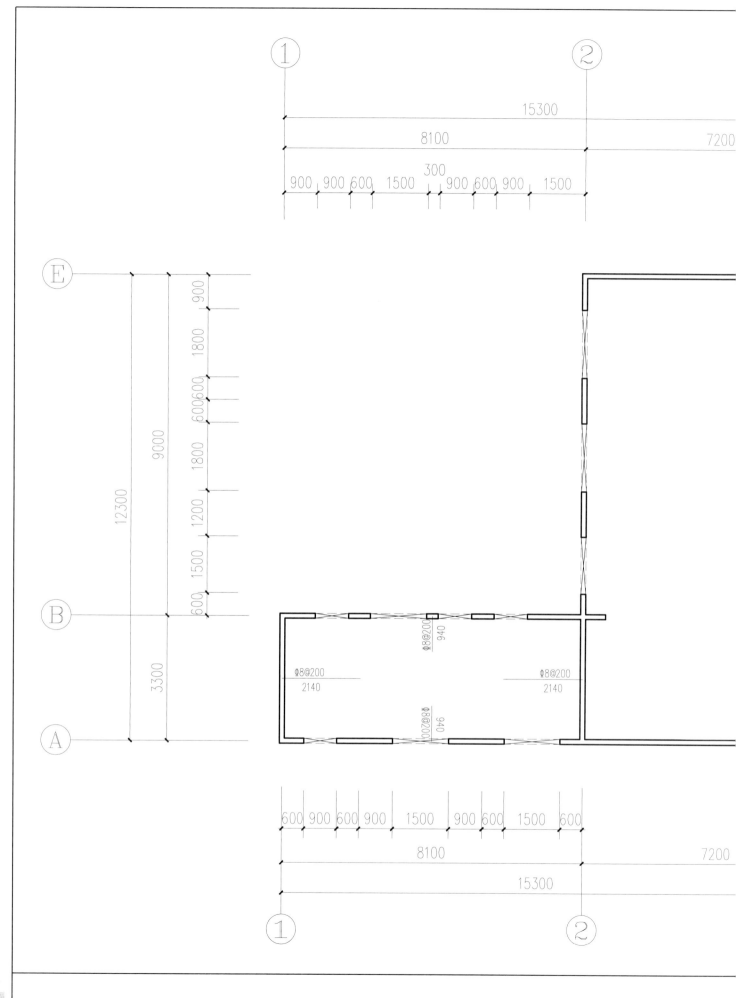

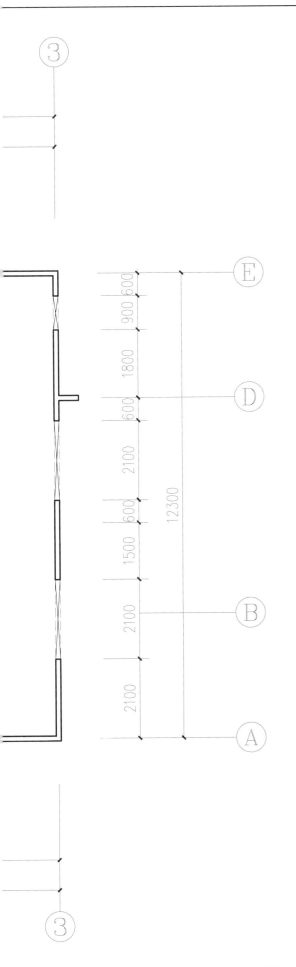

楼面免拆模板系统设计说明：

1. 本层现浇实心楼面免拆模板采用 C30 混凝土，采用 HRB400（Φ）钢筋，也可使用 HRB335（Φ）钢筋等强代换。

2. 楼面免拆模板顶标高除注明外均为 3.260m。

3. 未注明的梁均轴线居中或与墙、柱边齐。未标板正筋均采用双向Φ8@200 布置。

4. 楼面免拆模板拉通钢筋需要搭接时，上部钢筋在跨中搭接，下部钢筋在支座处搭接，拉通钢筋长度随平面尺寸调整。

5. 虚线洞口表示后浇管井板，施工时先按配筋图要求绑扎楼板钢筋，待管道安装完毕后再浇筑楼板混凝土。

6. 未设梁的洞口加强筋为每边 2Φ14。

一层顶板平法配筋图

图册名称	装配式空腔模块低能耗抗灾房屋建造图册	户型名称	户型 E	图号
		图纸名称	一层顶板平法配筋图	E-10

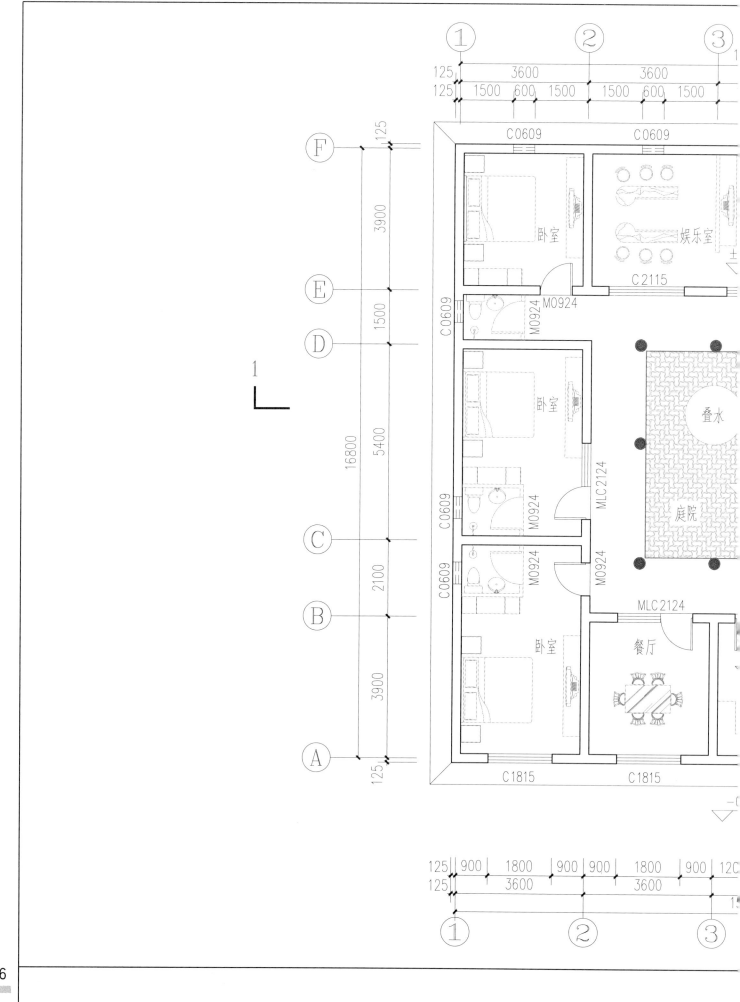

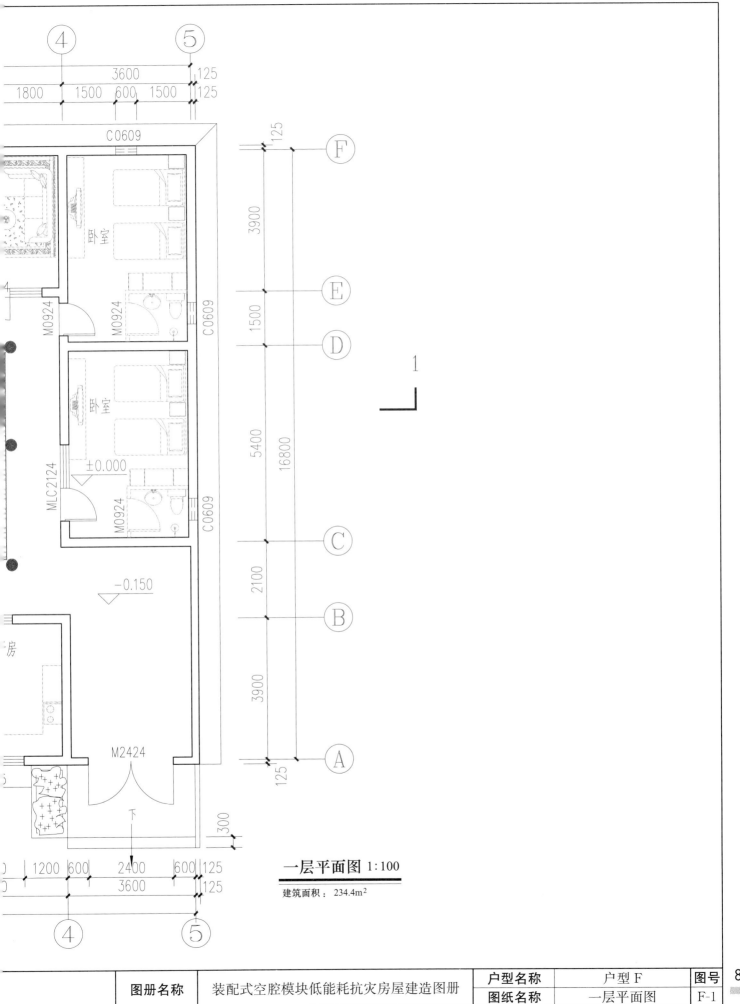

一层平面图 1:100

建筑面积：234.4m²

图册名称	装配式空腔模块低能耗抗灾房屋建造图册	户型名称	户型 F	图号	
		图纸名称	一层平面图	F-1	87

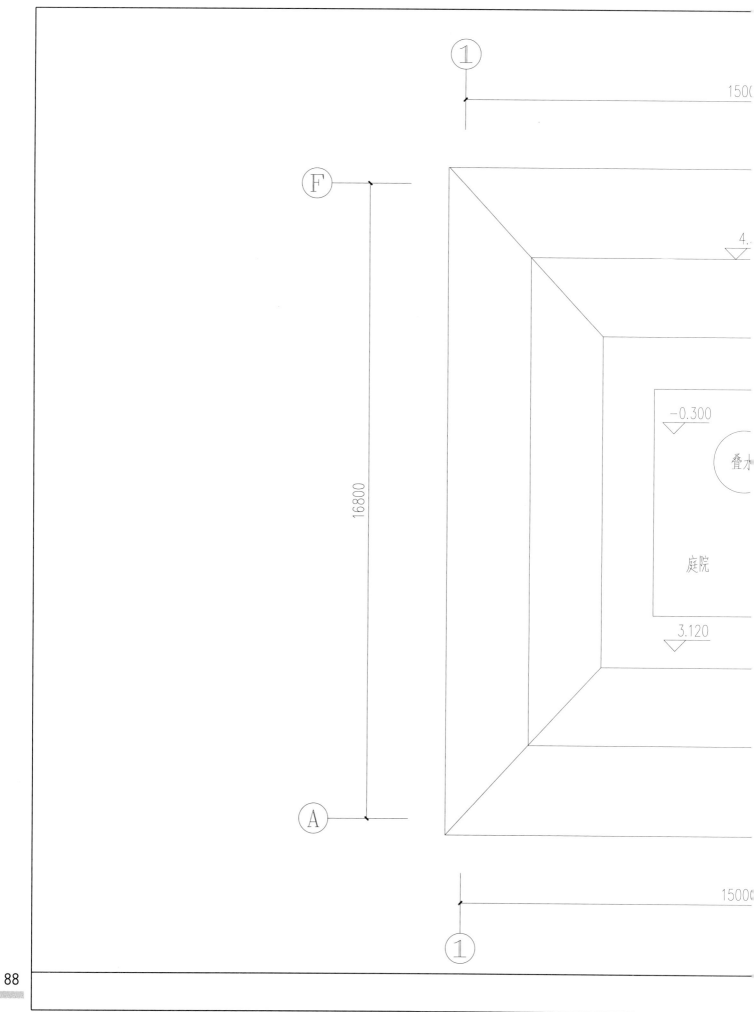

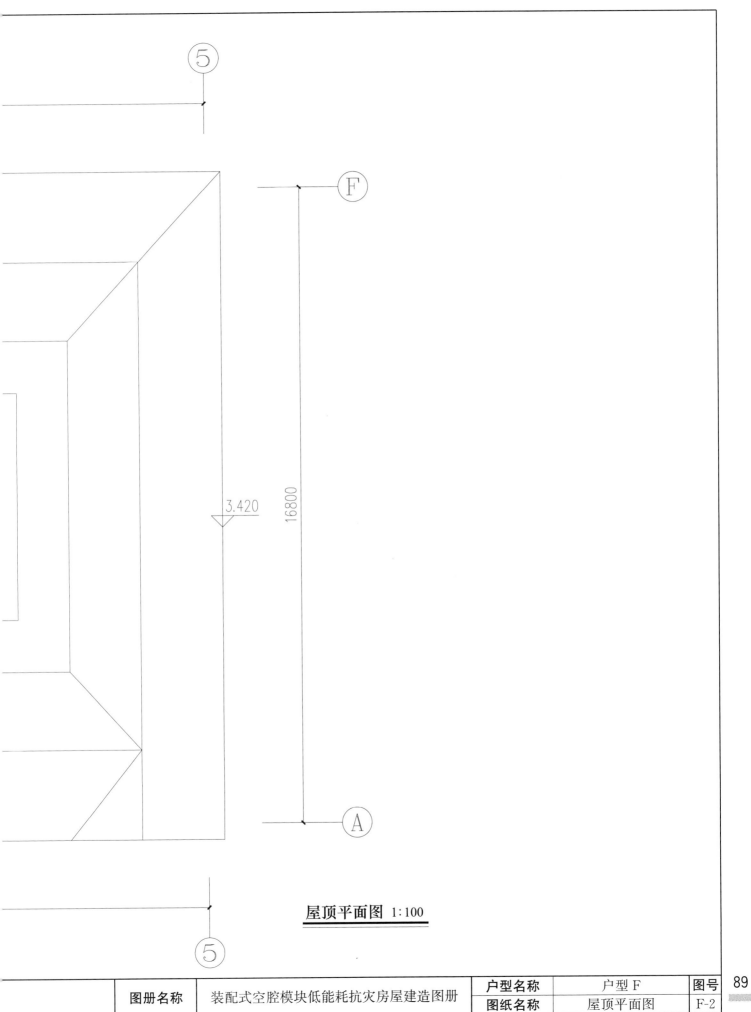

屋顶平面图 1:100

图册名称	装配式空腔模块低能耗抗灾房屋建造图册	户型名称	户型 F	图号	
		图纸名称	屋顶平面图	F-2	

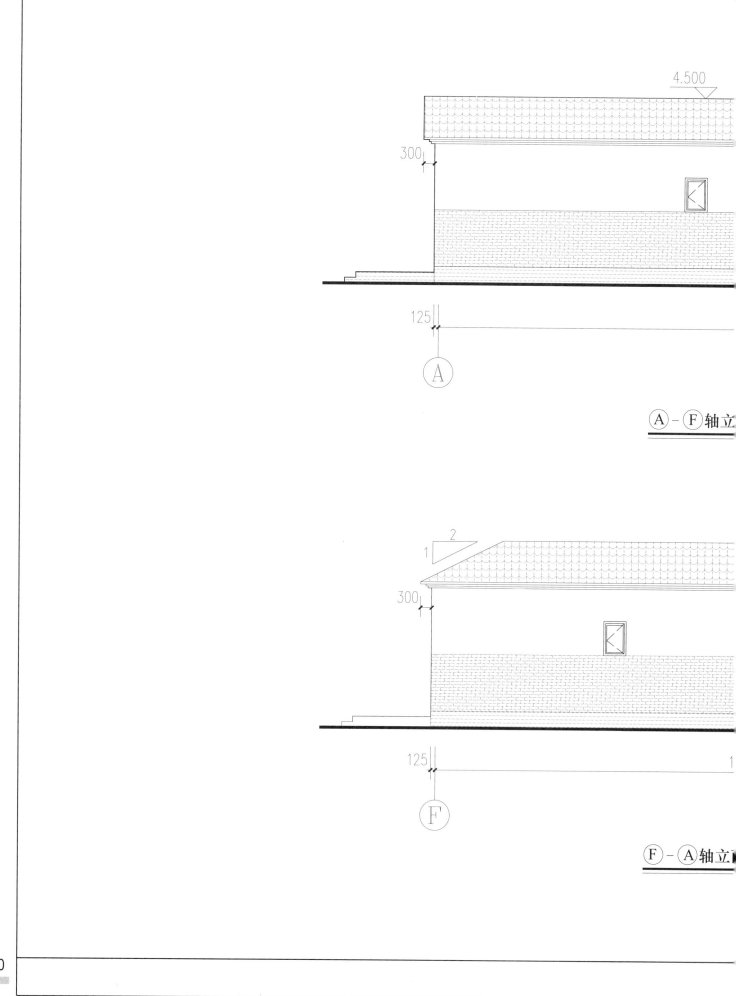

4.500

300

125

Ⓐ

Ⓐ－Ⓕ轴立

2
1

300

125

Ⓕ

Ⓕ－Ⓐ轴立

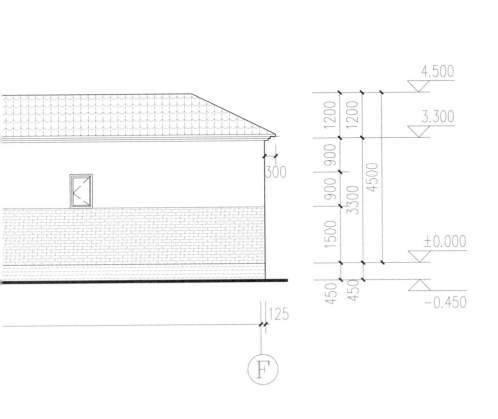

4.500

1200 1200

3.300

900 900

4500

900 3300

1500

±0.000

450 450

−0.450

300

125

Ⓕ

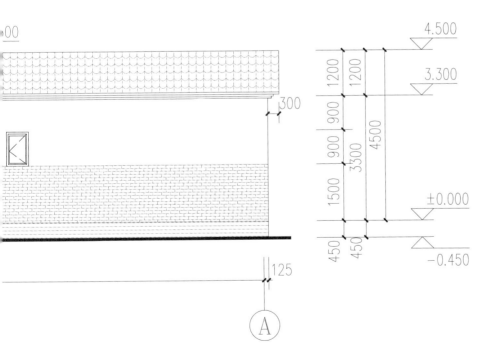

4.500

1200 1200

3.300

900 900

4500

900 3300

1500

±0.000

450 450

−0.450

300

125

Ⓐ

图册名称	装配式空腔模块低能耗抗灾房屋建造图册	户型名称	户型 F	图号	
		图纸名称	立面图	F-3	

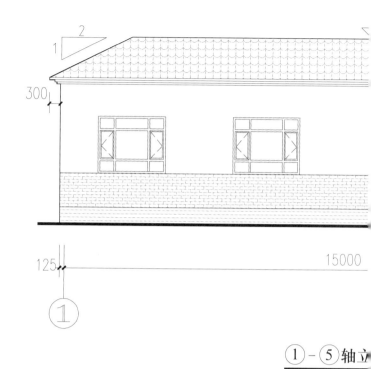

300

125   15000

①

①－⑤轴立

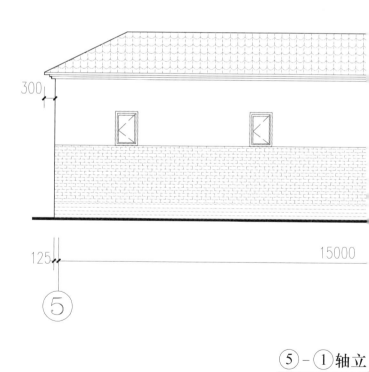

300

125   15000

⑤

⑤－①轴立

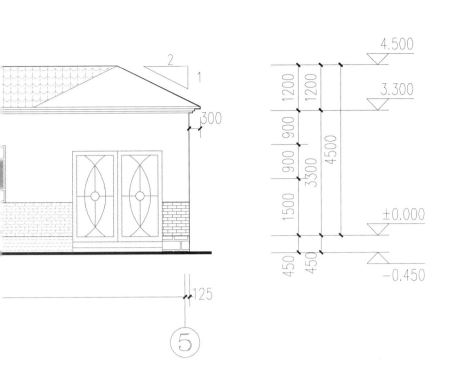

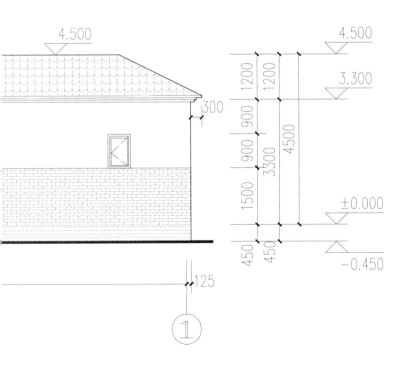

图册名称	装配式空腔模块低能耗抗灾房屋建造图册	户型名称	户型F	图号
		图纸名称	立面图	F-4

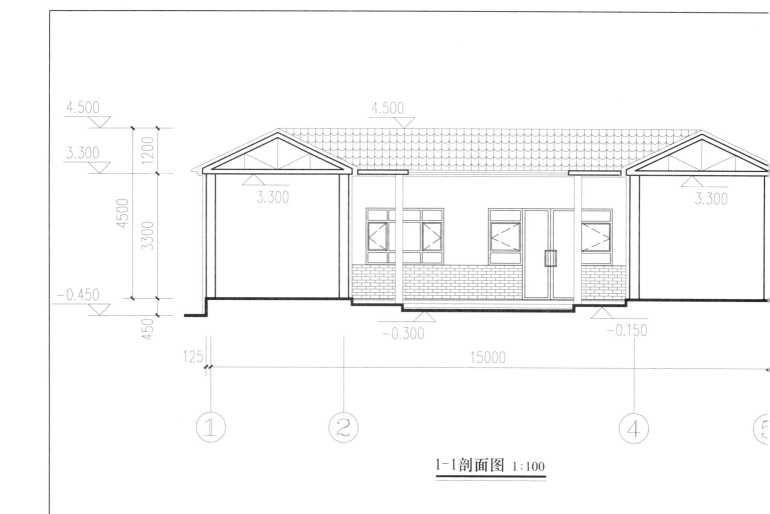

4.500

4.500

3.300

1200

3.300

4500

3300

3.300

3.300

−0.450

450

−0.300

−0.150

125

15000

① ② ④ ⑤

1-1剖面图 1:100

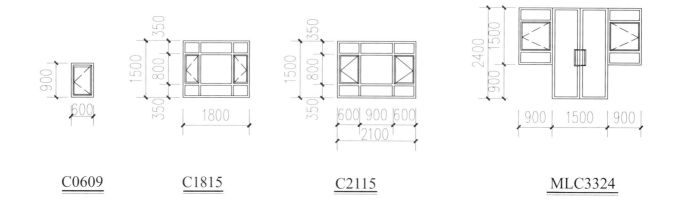

900

600

C0609

350

1500

800

350

1800

C1815

350

1500

800

350

600 900 600

2100

C2115

2400

1500

900

900 1500 900

MLC3324

门窗汇总表

类型	设计编号	洞口尺寸(mm)	数量		门窗名称
			1层	合计	
普通门	M0924	900×2400	8	8	高级实木门
外门	M2424	2400×2400	1	1	防盗门
门联窗	MLC3324	3300×2400	1	1	单框双层玻璃平开塑钢窗
	MLC2124	2100×2400	4	4	单框双层玻璃平开塑钢窗
普通窗	C0609	600×900	9	9	单框双层玻璃平开塑钢窗
	C1815	1800×1500	3	3	单框双层玻璃平开塑钢窗
	C2115	2100×1500	1	1	单框双层玻璃平开塑钢窗

注：1. 本表中所给的塑钢门窗尺寸均为洞口尺寸，详图及构造由符合国家标准的生产厂家提供。

2. 本图中所给的塑钢门窗尺寸均为洞口及分格尺寸，具体做法及安装由生产厂家负责。

3. 门窗加工前需复核洞口尺寸及数量。

门窗详图

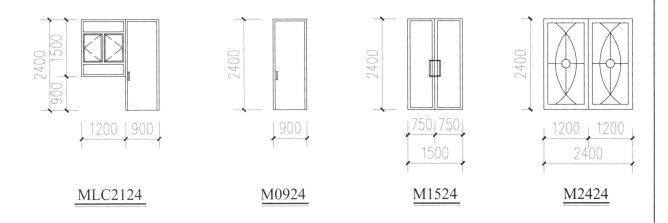

MLC2124   M0924   M1524   M2424

图册名称	装配式空腔模块低能耗抗灾房屋建造图册	户型名称	户型 F	图号	95
		图纸名称	剖面图·门窗详图	F-5	

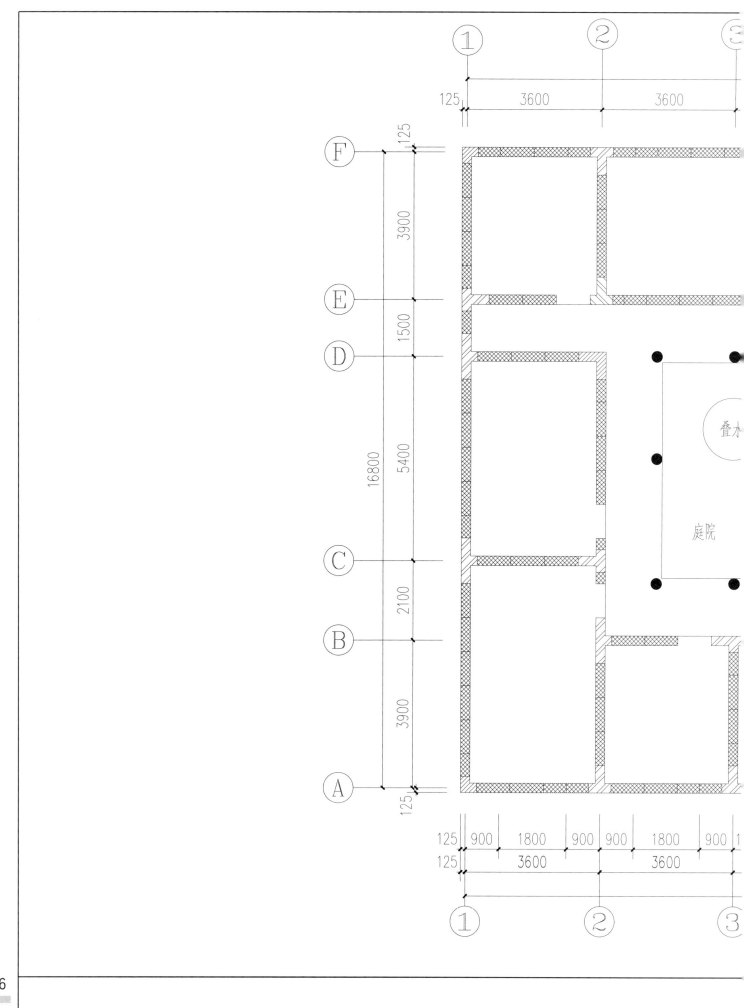

叠水

庭院

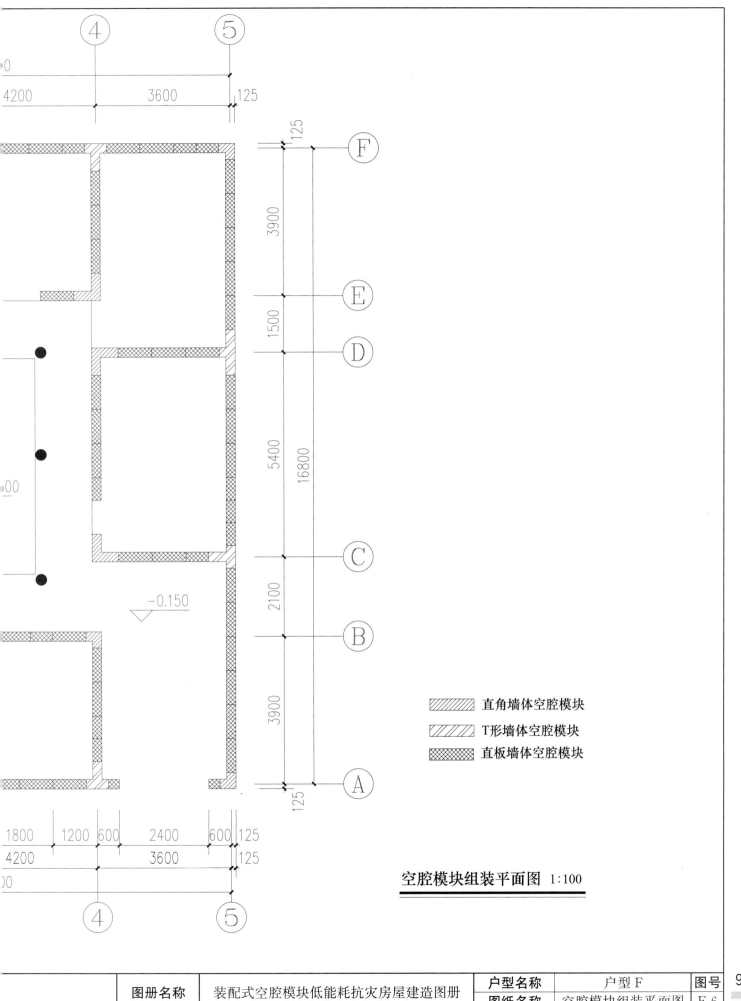

直角墙体空腔模块

T形墙体空腔模块

直板墙体空腔模块

空腔模块组装平面图 1:100

图册名称	装配式空腔模块低能耗抗灾房屋建造图册	户型名称	户型 F	图号
		图纸名称	空腔模块组装平面图	F-6

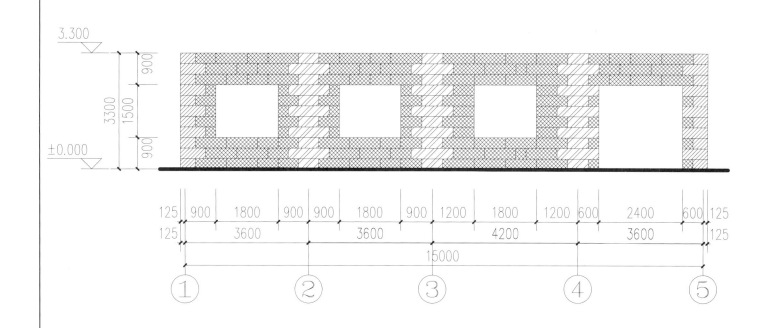

①－⑤轴空腔模块组装立面图 1:100

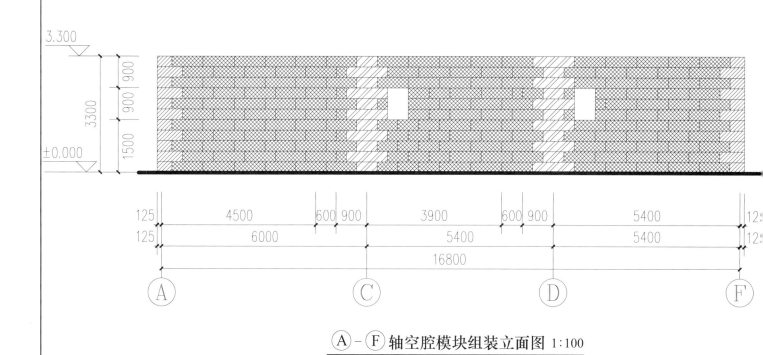

Ⓐ－Ⓕ轴空腔模块组装立面图 1:100

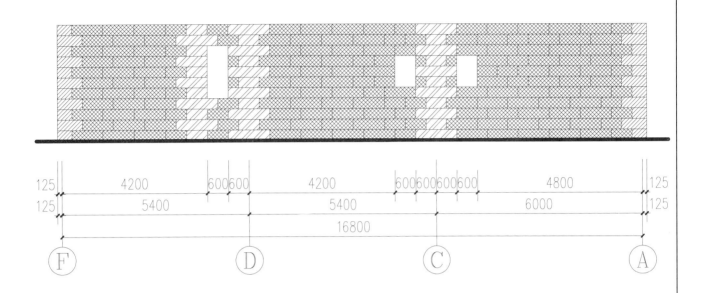

Ⓕ-Ⓐ轴空腔模块组装立面图 1:100

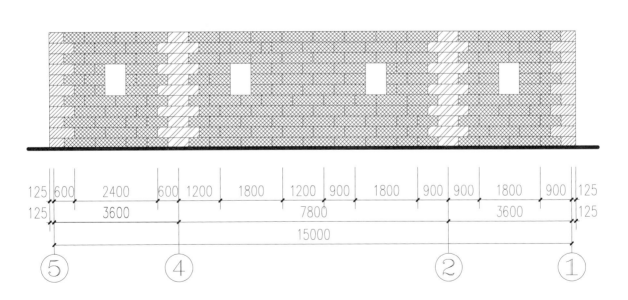

⑤-①轴空腔模块组装立面图 1:100

图册名称	装配式空腔模块低能耗抗灾房屋建造图册	户型名称	户型 F	图号	
		图纸名称	空腔模块组装立面图	F-7	

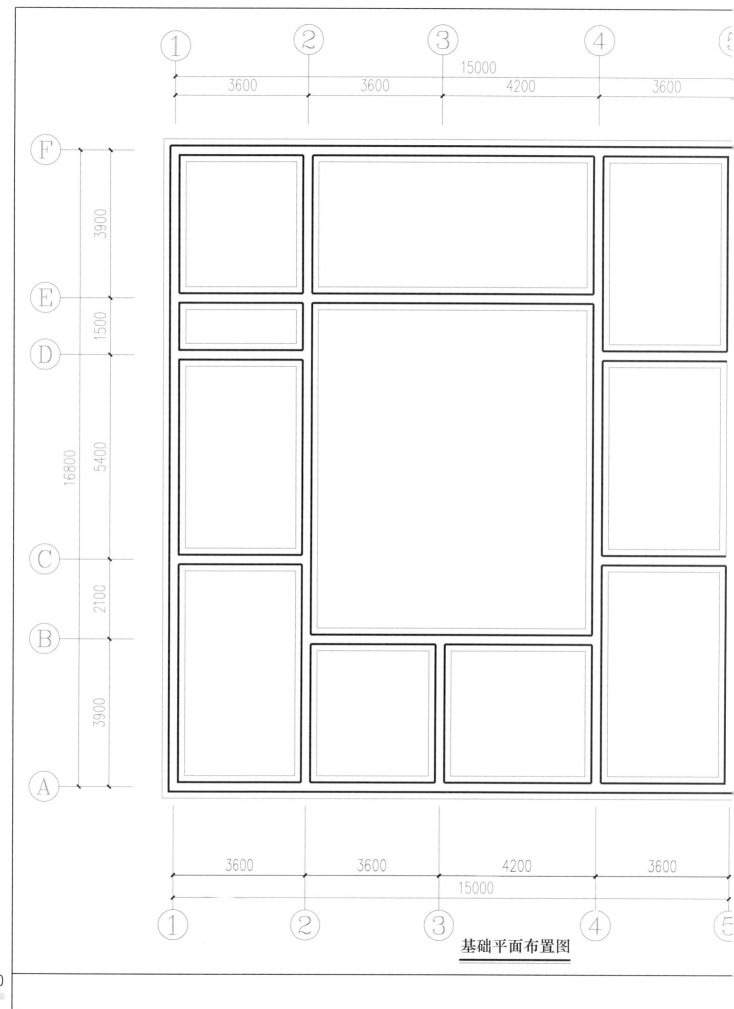

基础平面布置图

基础设计说明：

一、材料：混凝土强度等级为 C30，垫层为 100mm 厚 C15 素混凝土。

二、本项设计暂按地基承载力特征值为 150kPa 进行地基基础设计，标准冻深暂定为 0.6m，采用墙下条形基础，基础埋深同标准冻深；工程正式开工前应委托相关单位对本建设场地进行工程地质勘察，并应根据地质勘察报告对本工程设计进行复核修改。

三、基础施工注意事项：

　　1. 开挖基槽时，在基础底设计标高以上，预留 200mm 厚待挖，待基础施工时，再挖至基础设计标高。

　　2. 开挖基槽时，如遇菜窖、枯井、人防工事、软弱土层等异常情况，应立即联系相关单位处理。

　　3. 基槽开挖完毕，基础施工之前应会同勘察设计单位验槽，如遇与地质报告不符的情况，由勘察、设计、施工人员协商解决。

　　4. 基础施工时及后期使用时应做好场地防水、排水措施，严禁地基土浸水。

　　5. 基底超挖部分应用级配砂石回填至设计标高，其他超挖部分用黏土分层回填夯实。

四、图中标高以 m 为单位，尺寸以 mm 为单位；未特殊注明尺寸的构造柱均按轴线对中定位，框架柱定位尺寸见详图。

五、本工程施工时应符合国家现行相关施工验收规范和规程。

六、室内回填土压实系数不小于 0.94。

七、本工程未考虑冬期施工，且基础施工过程中严禁基底下残留冻土。

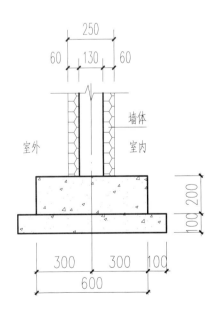

墙下基础剖面　　　　　　　　　**基础预留柱子插筋(纵向钢筋)**

图册名称	装配式空腔模块低能耗抗灾房屋建造图册	户型名称	户型 F	图号	101
		图纸名称	基础平面布置图	F-8	

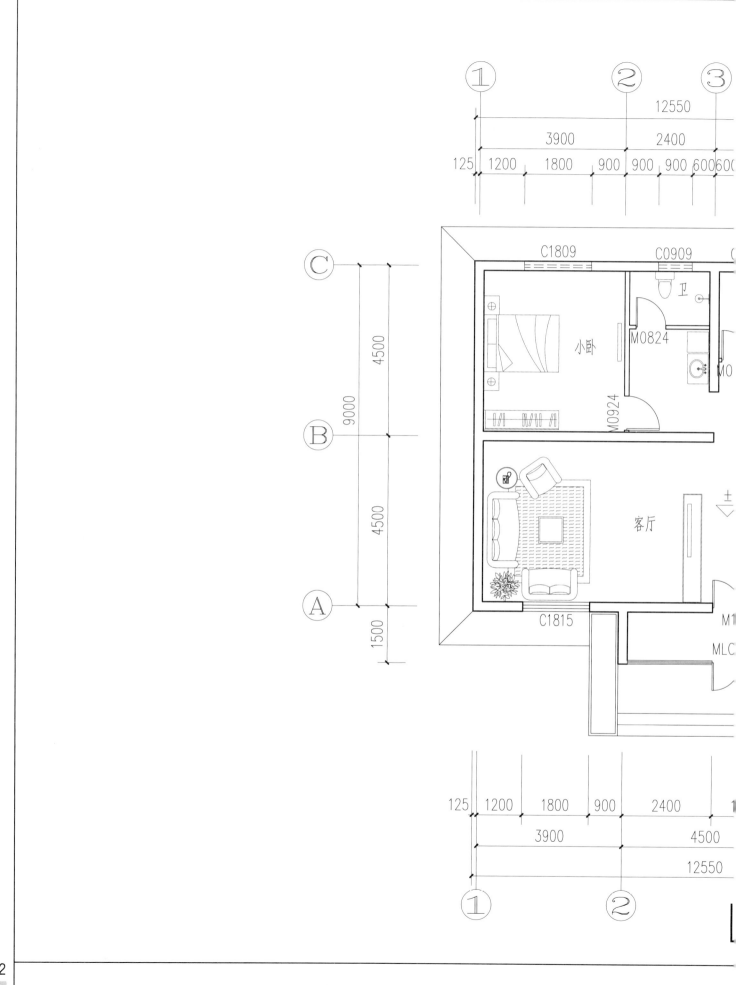

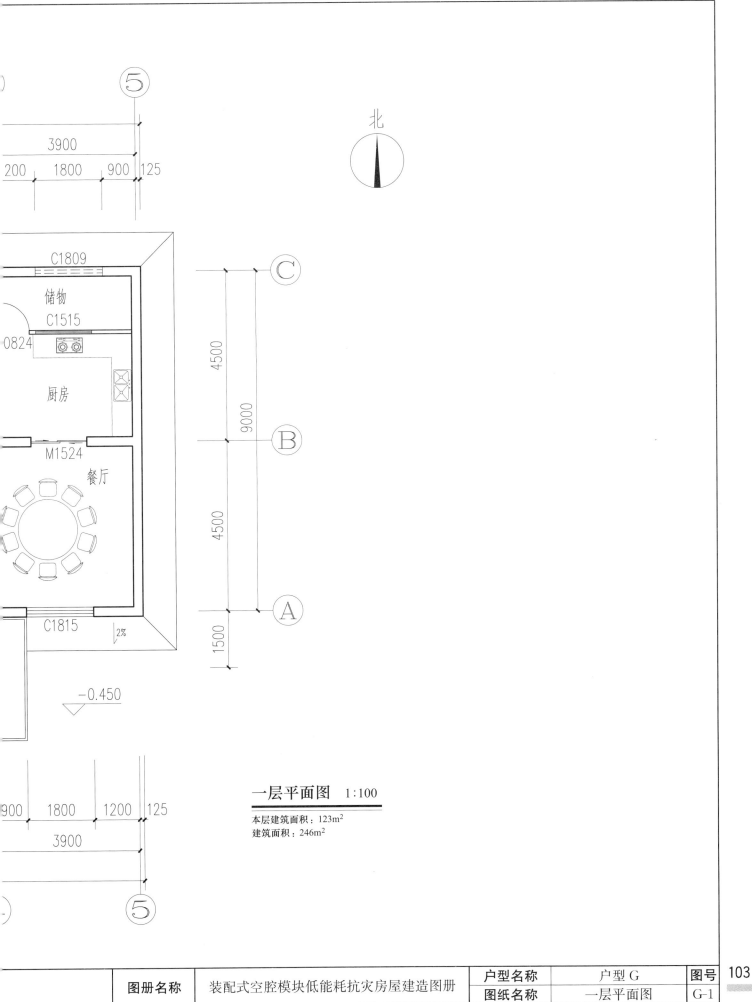

5

3900

200 1800 900 125

北

C1809

储物
C1515

0824

厨房

4500

9000

C

B

4500

M1524

餐厅

A

1500

C1815

2%

−0.450

900 1800 1200 125

3900

5

一层平面图　1:100

本层建筑面积：123m²
建筑面积：246m²

图册名称	装配式空腔模块低能耗抗灾房屋建造图册	户型名称	户型 G	图号	103
		图纸名称	一层平面图	G-1	

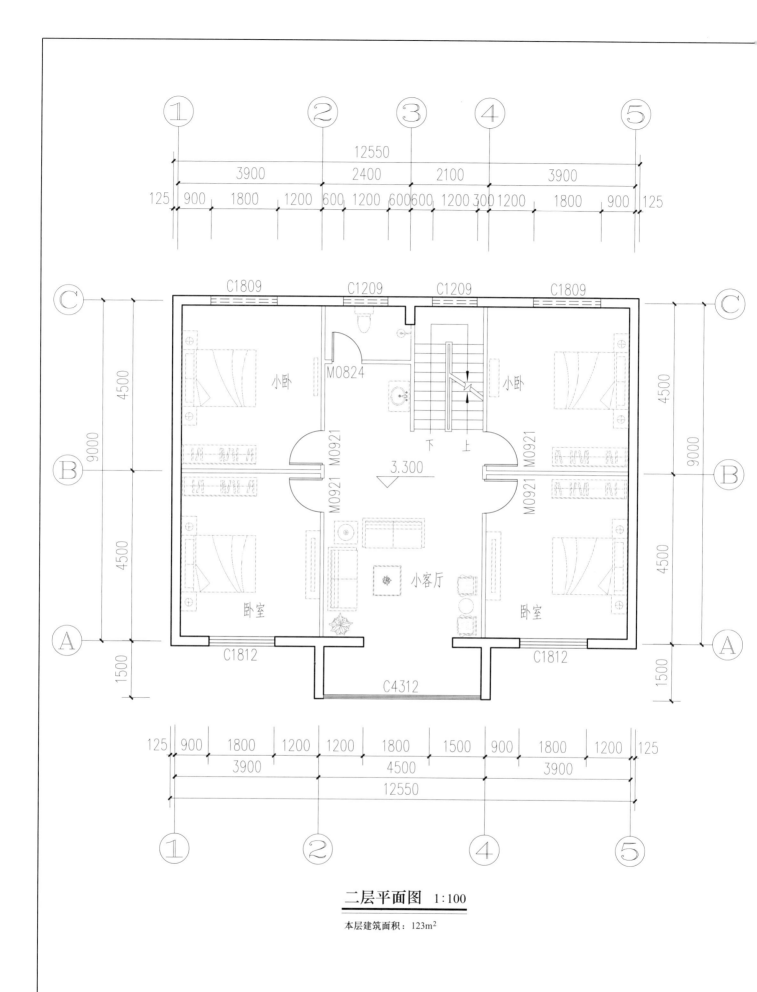

二层平面图 1:100

本层建筑面积：123m²

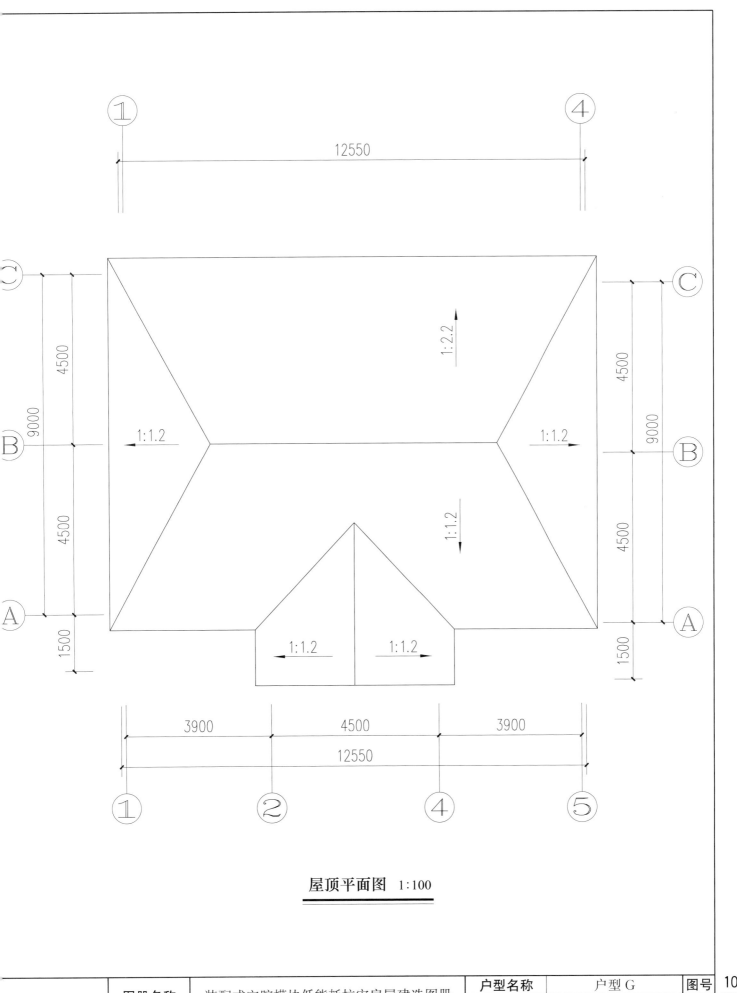

屋顶平面图 1:100

| 图册名称 | 装配式空腔模块低能耗抗灾房屋建造图册 | 户型名称 | 户型 G | 图号 |
| | | 图纸名称 | 二层平面图·屋顶平面图 | G-2 |

8.800

2500 2500 2500

6.300

9250 3000 900 900

3.300 1200

900 900

3300 900 900 900 600

±0.000 900 900

−0.450 450 450

12300

⑤ ④ ② ①

⑤-① 轴立面图 1:100

8.800

2500 1500 1000

6.300

9250 3000 900 1200 1500

3.300

900 900

3300 1500

±0.000 900

−0.450 450 450

12300

① ② ④ ⑤

①-⑤ 轴立面图 1:100

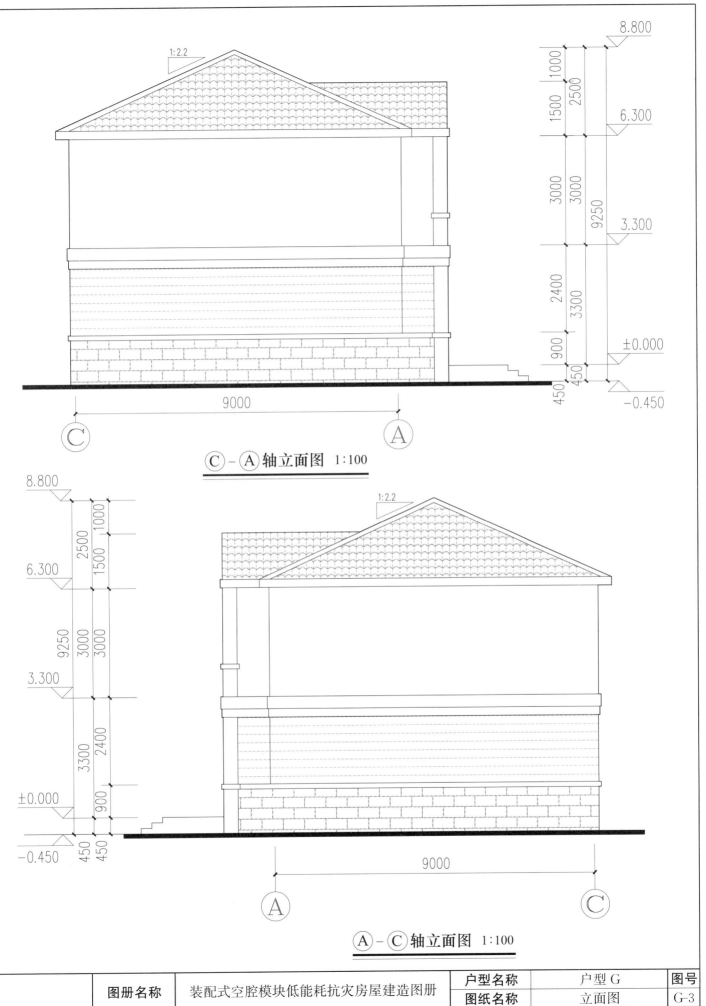

1:2.2

8.800

1500 | 1000

2500

6.300

3000 | 3000

9250

3.300

2400 | 3300

900

±0.000

450 | 450

−0.450

9000

Ⓒ　　　　　　　　Ⓐ

Ⓒ－Ⓐ轴立面图　1:100

8.800

2500 | 1000

6.300

1500

9250

3000 | 3000

3.300

3300 | 2400

±0.000

900

−0.450

450 | 450

1:2.2

9000

Ⓐ　　　　　　　　Ⓒ

Ⓐ－Ⓒ轴立面图　1:100

图册名称	装配式空腔模块低能耗抗灾房屋建造图册	户型名称	户型 G	图号	
		图纸名称	立面图	G-3	

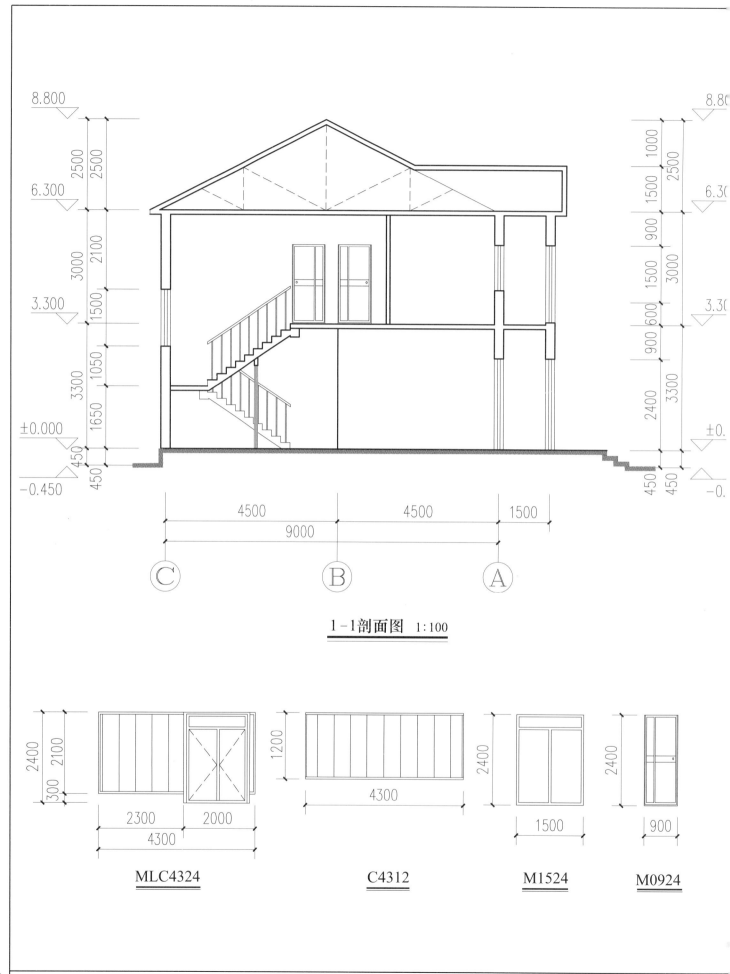

8.800

2500
2500

6.300

3000
2100

3.300
1500

1050
3300
1650

±0.000

450
450

−0.450

1000
2500
1500

6.30

900
1500
3000

3.30

900 600
2400
3300

±0.

450
450

−0.

4500   4500   1500

9000

C   B   A

1—1剖面图 1:100

2400 2100
300

2300   2000
4300

MLC4324

1200

4300

C4312

2400

1500

M1524

2400

900

M0924

门窗汇总表

类型	设计编号	洞口尺寸（mm）	数量 1层	数量 2层	数量 合计	门窗名称
普通门	M0924	900×2400	1		1	高级实木门
	M0824	800×2400	3		4	高级实木门
	M0921	900×2100		4	4	高级实木门
	M1524	1500×2400	1		1	高级实木门
门连窗	MLC4324	4300×2400	1		1	塑钢门连窗
推拉门	M1524	1500×2400	1		1	平开塑钢推拉门
普通窗	C1815	1800×1500	2		2	单框二层玻璃平开塑钢窗
	C1812	1800×1200		2	2	单框二层玻璃平开塑钢窗
	C4312	4300×1200		1	1	单框二层玻璃幕墙
高窗	C1809	1800×900	2	2	4	单框二层玻璃平开塑钢窗
	C0909	900×900	2	2	4	单框二层玻璃平开塑钢窗

注：1. 本表中所给的塑钢门窗尺寸均为洞口尺寸，详图及构造由符合国家标准的生产厂家提供。

2. 本图中所给的塑钢门窗尺寸均为洞口及分格尺寸，具体做法及安装由生产厂家负责。

3. 门窗加工前需复核洞口尺寸及数量。

门窗详图

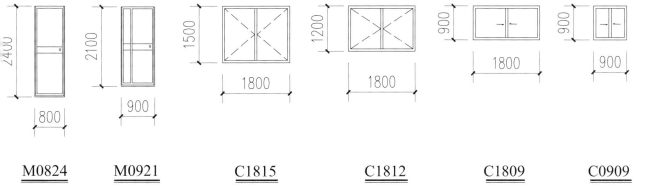

M0824 M0921 C1815 C1812 C1809 C0909

图册名称	装配式空腔模块低能耗抗灾房屋建造图册	户型名称	户型G	图号	109
		图纸名称	剖面图·门窗详图	G-4	

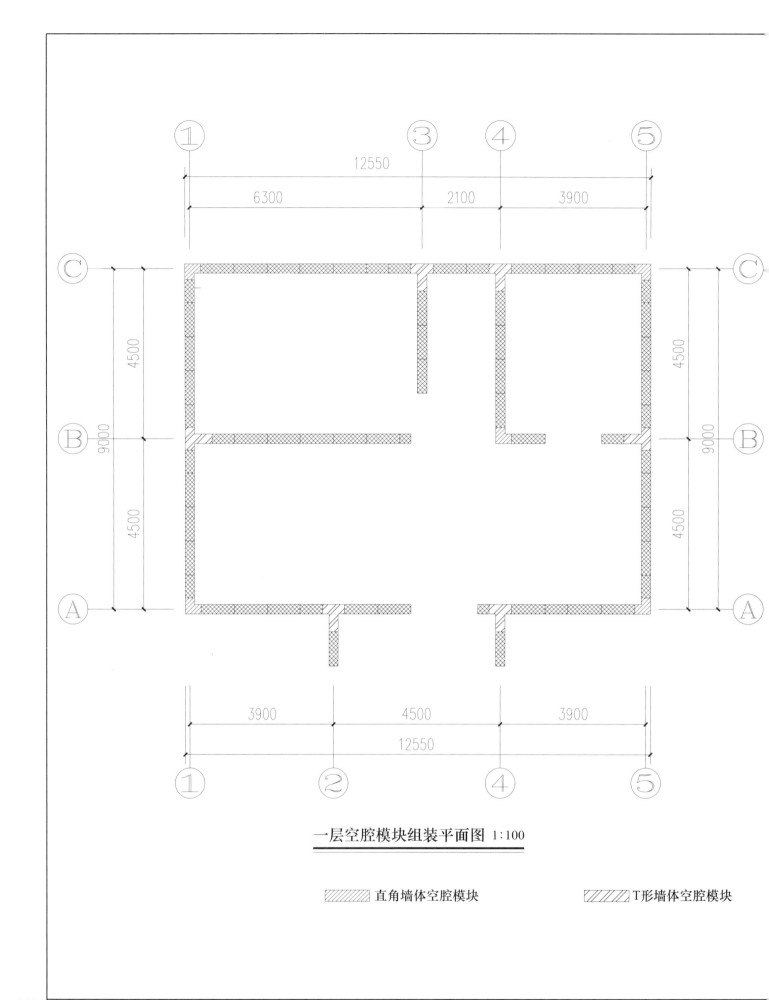

一层空腔模块组装平面图 1:100

▨▨▨ 直角墙体空腔模块   ▨▨▨ T形墙体空腔模块

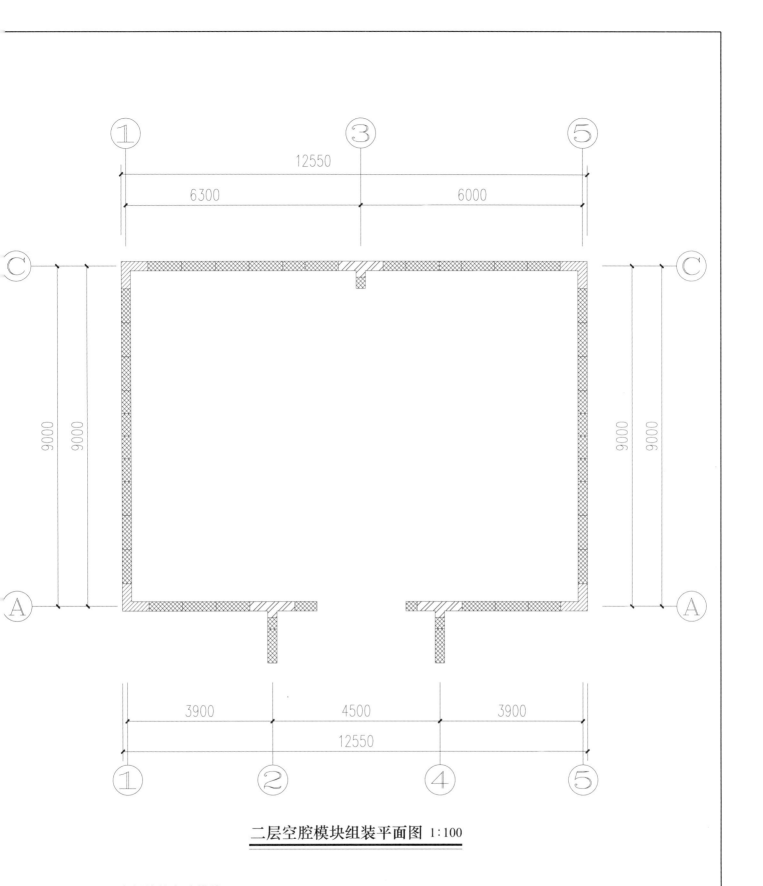

二层空腔模块组装平面图 1:100

直板墙体空腔模块

图册名称	装配式空腔模块低能耗抗灾房屋建造图册	户型名称	户型 G	图号	111
		图纸名称	空腔模块组装平面图	G-5	

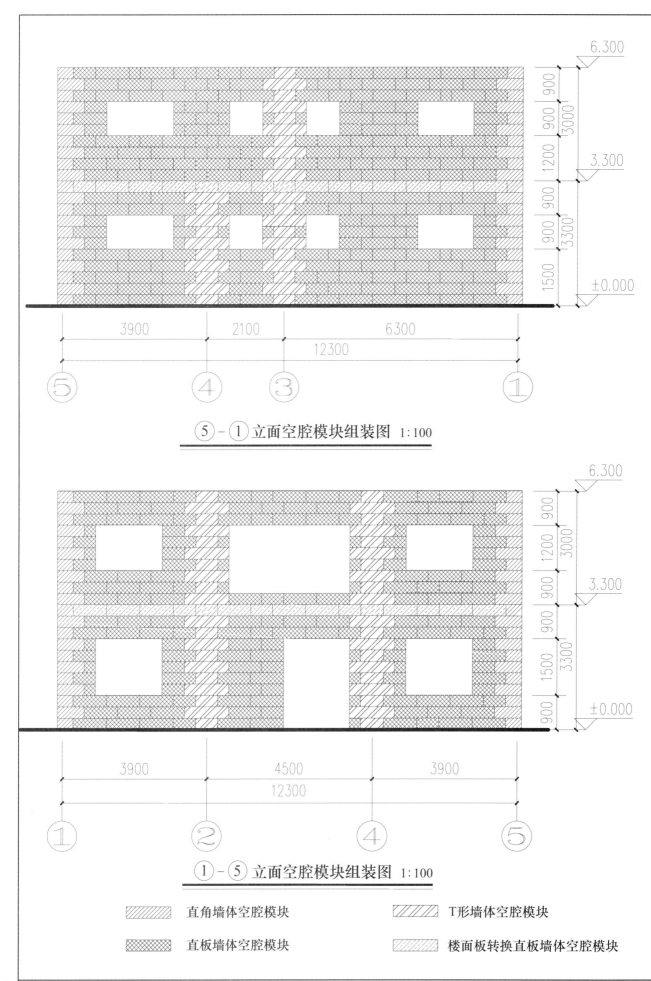

⑤－① 立面空腔模块组装图 1:100

①－⑤ 立面空腔模块组装图 1:100

| | 直角墙体空腔模块 | | T形墙体空腔模块 |
| | 直板墙体空腔模块 | | 楼面板转换直板墙体空腔模块 |

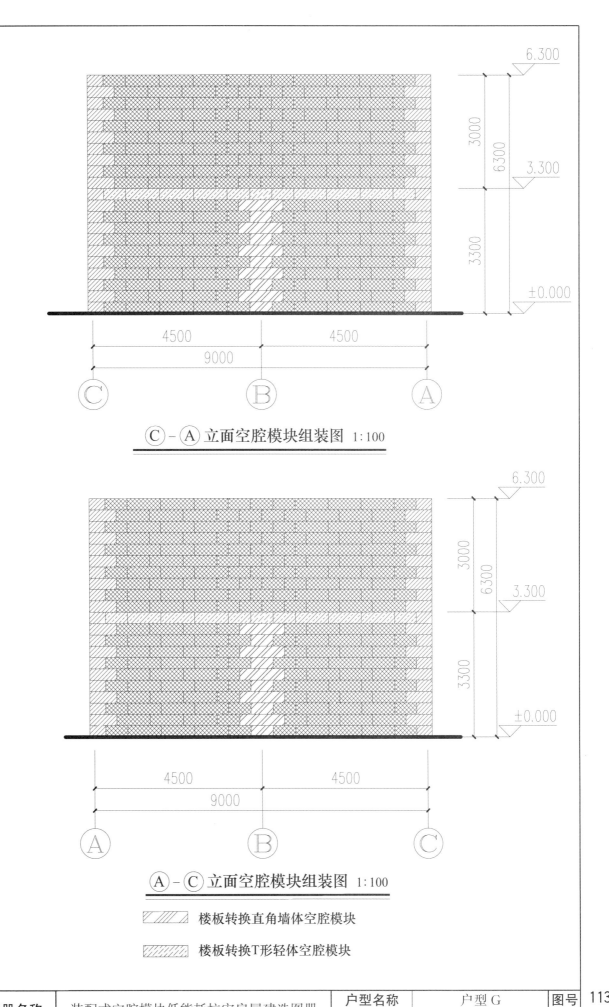

Ⓒ－Ⓐ 立面空腔模块组装图 1:100

Ⓐ－Ⓒ 立面空腔模块组装图 1:100

◾◺◹◾ 楼板转换直角墙体空腔模块

◾◿◿◾ 楼板转换T形轻体空腔模块

图册名称	装配式空腔模块低能耗抗灾房屋建造图册	户型名称	户型 G	图号	113
		图纸名称	空腔模块组装立面图	G-6	

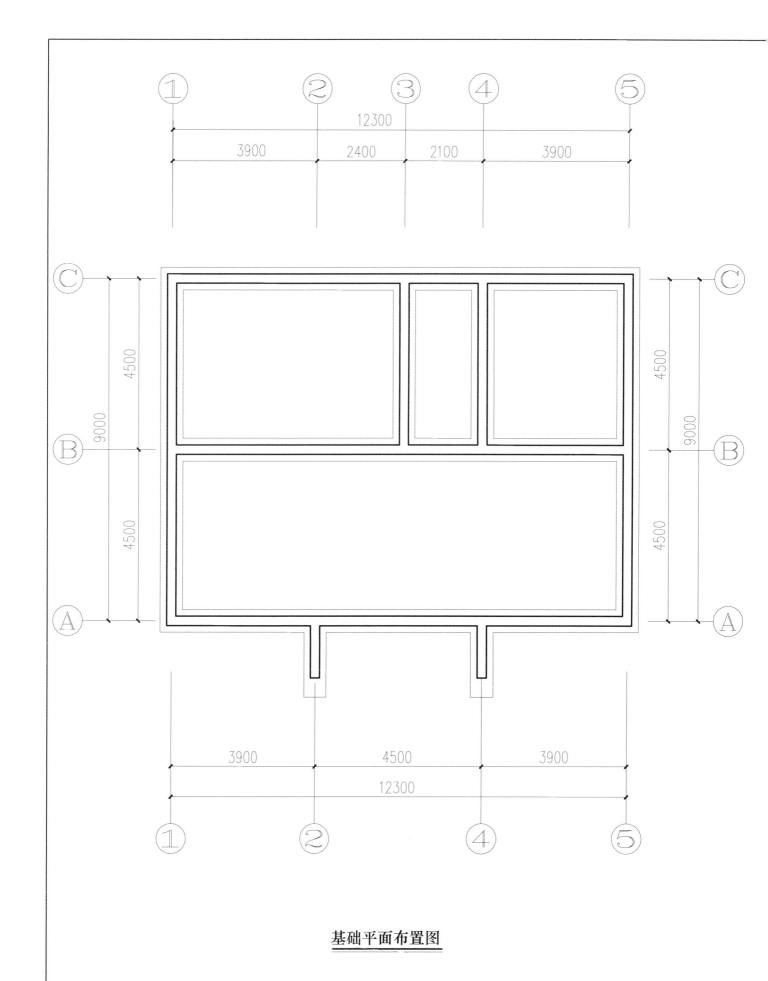

基础平面布置图

基础设计说明：

一、材料：混凝土强度等级为 C30，垫层为 100mm 厚 C15 素混凝土。

二、本项设计暂按地基承载力特征值为 150kPa 进行地基基础设计，标准冻深暂定为 0.6m，采用墙下条形基础，基础埋深同标准冻深；工程正式开工前应委托相关单位对本建设场地进行工程地质勘察，并应根据地质勘察报告对本工程设计进行复核修改。

三、基础施工注意事项：

　　1. 开挖基槽时，在基础底设计标高以上，预留 200mm 厚待挖，待基础施工时，再挖至基础设计标高。

　　2. 开挖基槽时，如遇菜窖、枯井、人防工事、软弱土层等异常情况，应立即联系相关单位处理。

　　3. 基槽开挖完毕，基础施工之前应会同勘察设计单位验槽，如遇与地质报告不符的情况，由勘察、设计、施工人员协商解决。

　　4. 基础施工时及后期使用时应做好场地防水、排水措施，严禁地基土浸水。

　　5. 基底超挖部分应用级配砂石回填至设计标高，其他超挖部分用黏土分层回填夯实。

四、图中标高以 m 为单位，尺寸以 mm 为单位；未特殊注明尺寸的构造柱均按轴线对中定位，框架柱定位尺寸见详图。

五、本工程施工时应符合国家现行相关施工验收规范和规程。

六、室内回填土压实系数不小于 0.94。

七、本工程未考虑冬期施工，且基础施工过程中严禁基底下残留冻土。

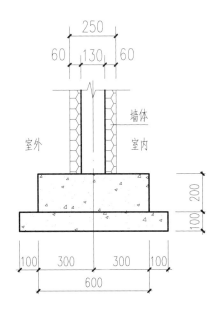

墙下基础剖面

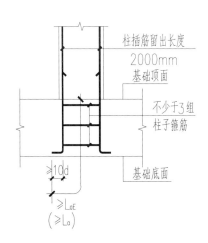

基础预留柱子插筋(纵向钢筋)

图册名称	装配式空腔模块低能耗抗灾房屋建造图册	户型名称	户型 G	图号	115
		图纸名称	基础平面布置图	G-7	

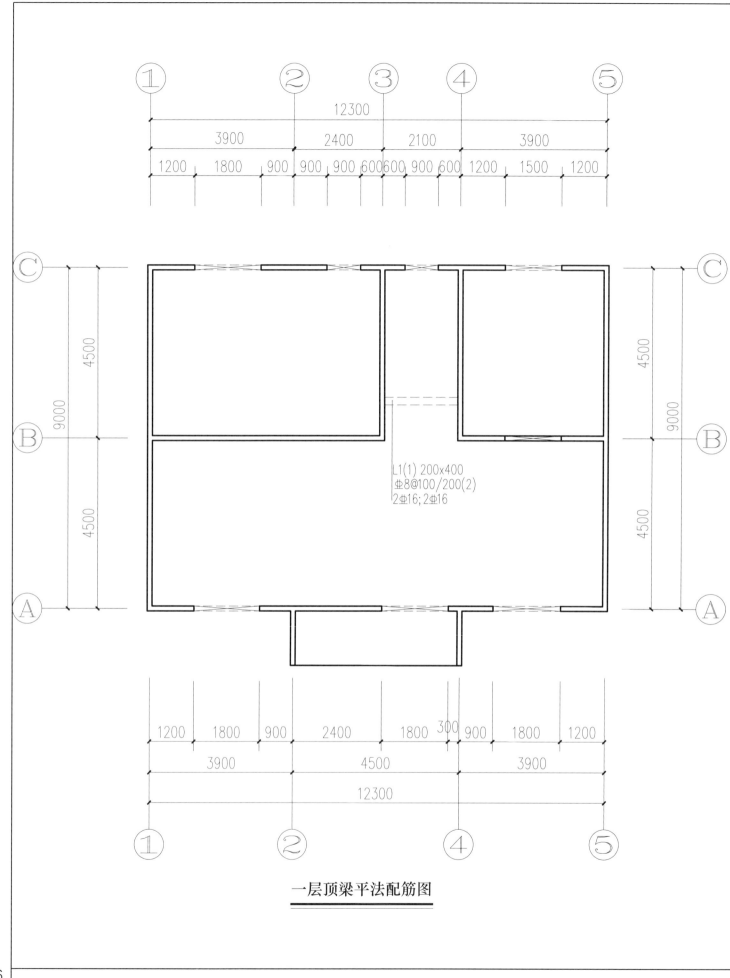

一层顶梁平法配筋图

梁设计说明：

1. 本图梁采用 C30 混凝土，采用 HRB400（Φ）钢筋，也可使用 HRB335（Φ）钢筋等强代换。

2. 本工程抗震设防烈度为 8 度，本层抗震等级为四级。

3. 梁纵筋宜采用绑扎搭接连接或焊接连接。

4. 梁相邻两跨平面定位尺寸或梁宽有变化时，其支座负筋应尽可能直通，不能直通时应各自锚入支座内。

5. 未标位置的梁，按对轴线居中布置。

6. 除特殊注明外本层梁梁顶标高一律按 3.260 处理。

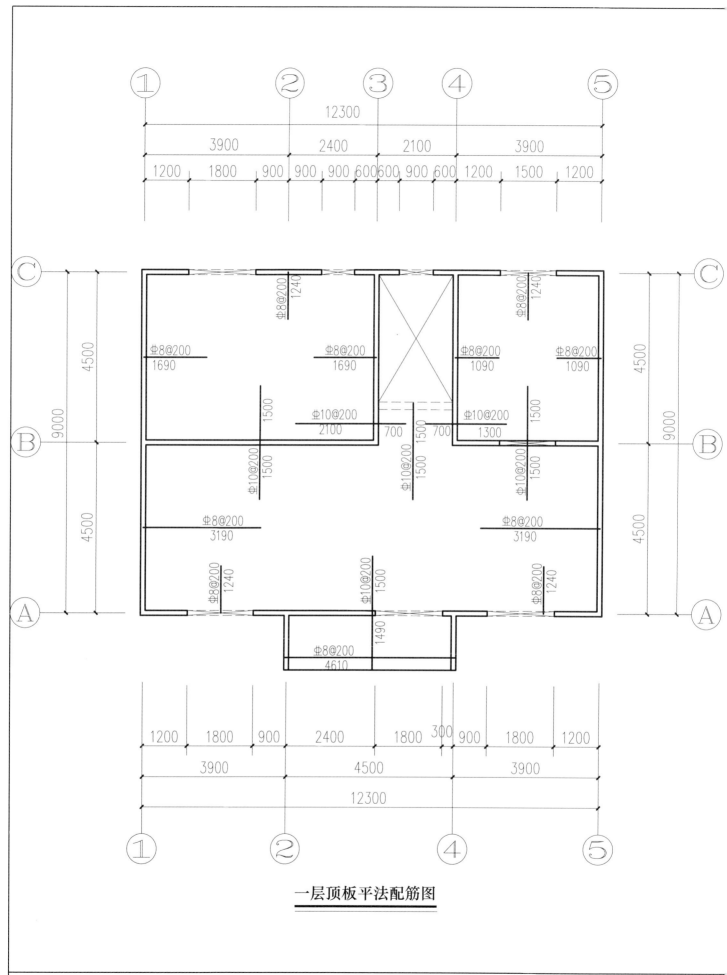

一层顶板平法配筋图

楼面免拆模板系统设计说明：

1. 本层现浇实心楼面免拆模板采用 C30 混凝土，采用 HRB400（Φ）钢筋，也可使用 HRB335（Φ）钢筋等强代换。

2. 楼面免拆模板顶标高除注明外均为 3.260m。

3. 未注明的梁均轴线居中或与墙、柱边齐。未标板正筋均采用双向Φ8@200 布置。

4. 楼面免拆模板拉通钢筋需要搭接时，上部钢筋在跨中搭接，下部钢筋在支座处搭接，拉通钢筋长度随平面尺寸调整。

5. 虚线洞口表示后浇管井板，施工时先按配筋图要求绑扎楼板钢筋，待管道安装完毕后再浇筑楼板混凝土。

6. 未设梁的洞口加强筋为每边 2Φ14。

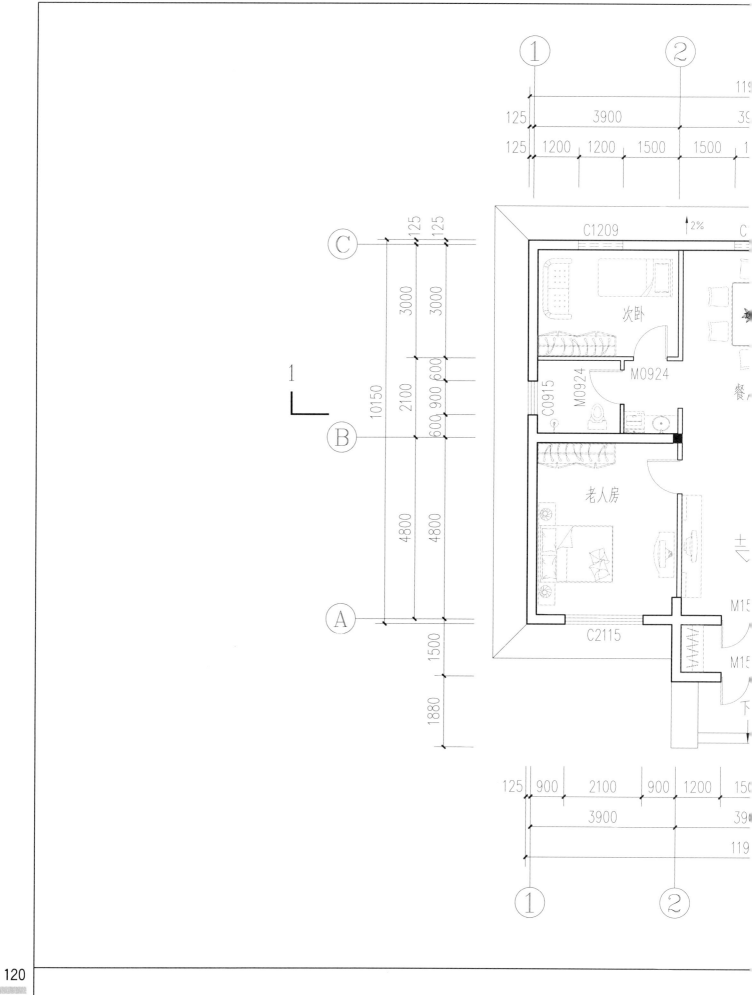

次卧

餐

老人房

C1209

C2115

C0915

M0924

M0924

M15

M15

↑2%

1

10150

3000

3000

2100

4800

4800

600 900 600

1500

1880

125

125

125

3900

3S

125 1200 1200 1500 1500

119

125 900 2100 900 1200 150

3900

39

119

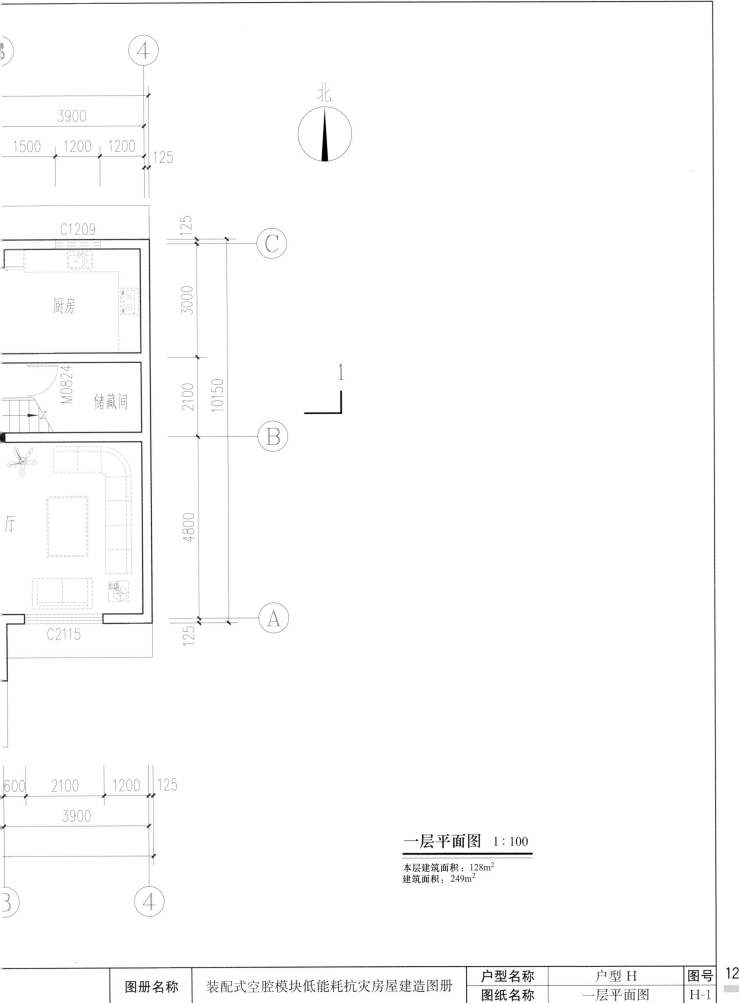

北

C1209

厨房

M0824 储藏间

C2115

3900
1500 | 1200 | 1200 | 125

125
3000
2100
10150
4800
125

C
B
A

1

600 | 2100 | 1200 | 125
3900

4

一层平面图　1:100

本层建筑面积：128m²
建筑面积：249m²

| 图册名称 | 装配式空腔模块低能耗抗灾房屋建造图册 | 户型名称 | 户型 H | 图号 |
| | | 图纸名称 | 一层平面图 | H-1 |

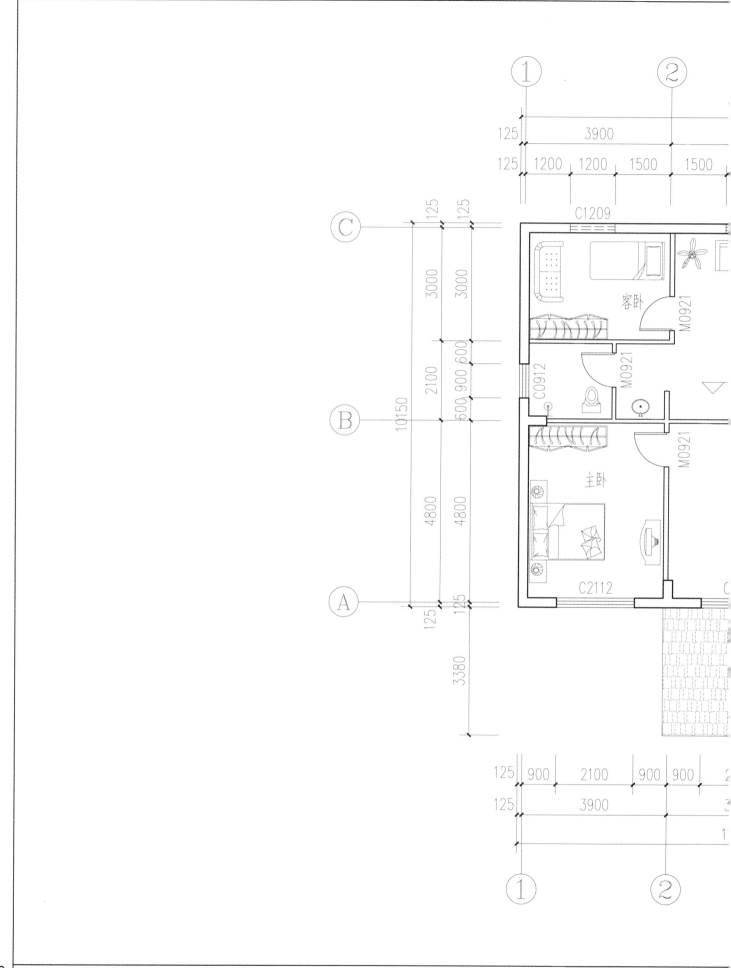

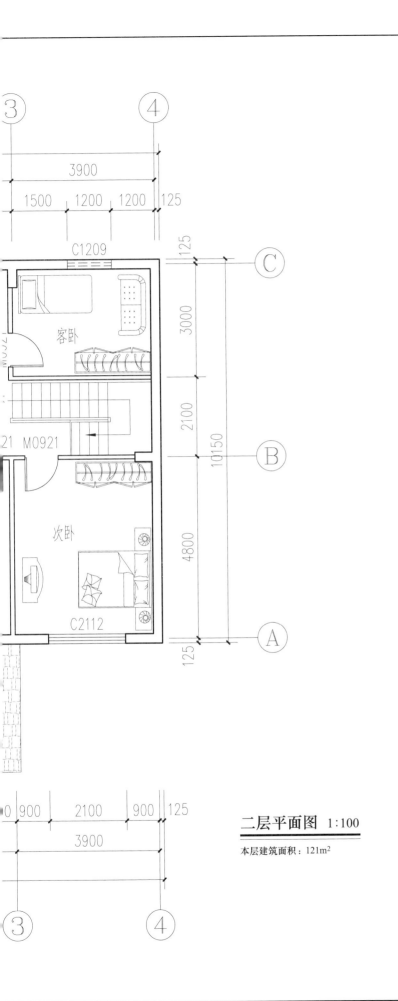

二层平面图 1:100

本层建筑面积：121m²

图册名称	装配式空腔模块低能耗抗灾房屋建造图册	户型名称	户型 H	图号
		图纸名称	二层平面图	H-2

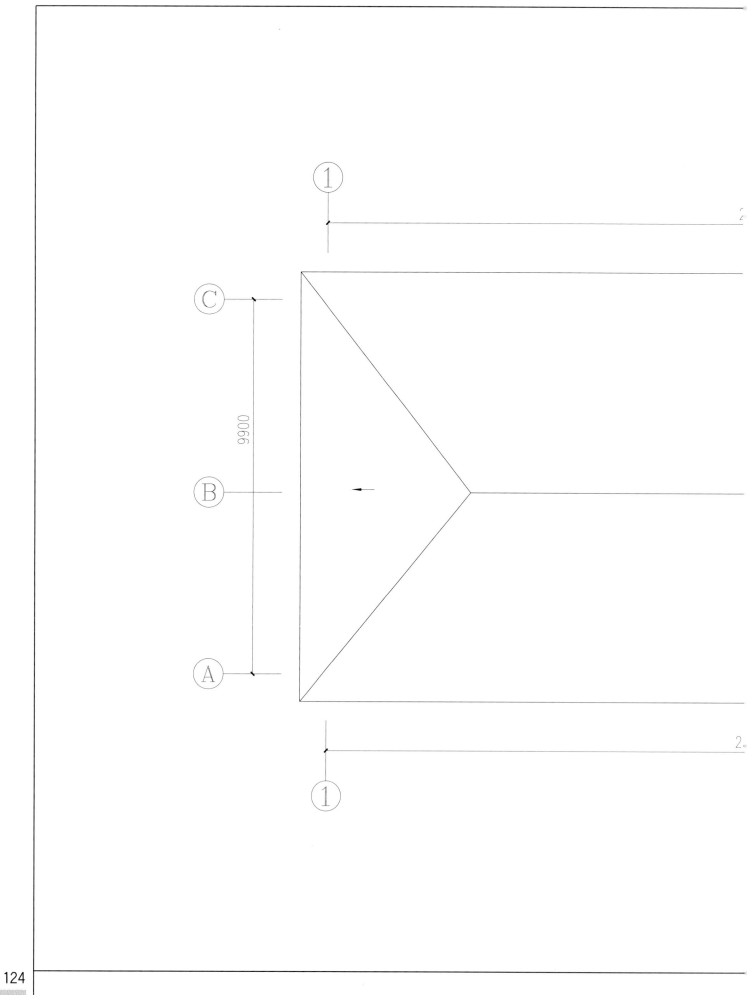

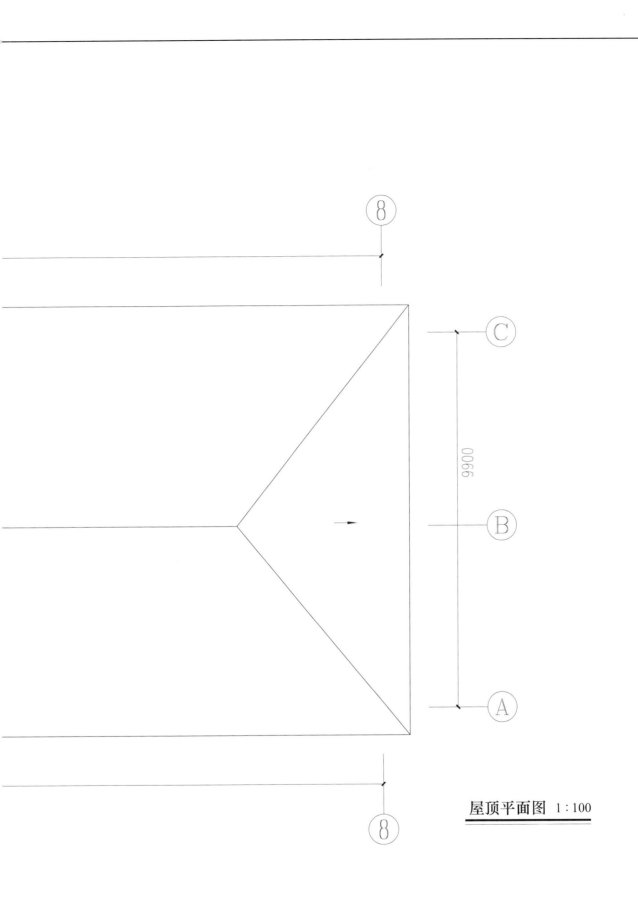

⑧

Ⓒ

9900

Ⓑ

Ⓐ

⑧

屋顶平面图 1:100

图册名称	装配式空腔模块低能耗抗灾房屋建造图册	户型名称	户型 H	图号
		图纸名称	屋顶平面图	H-3

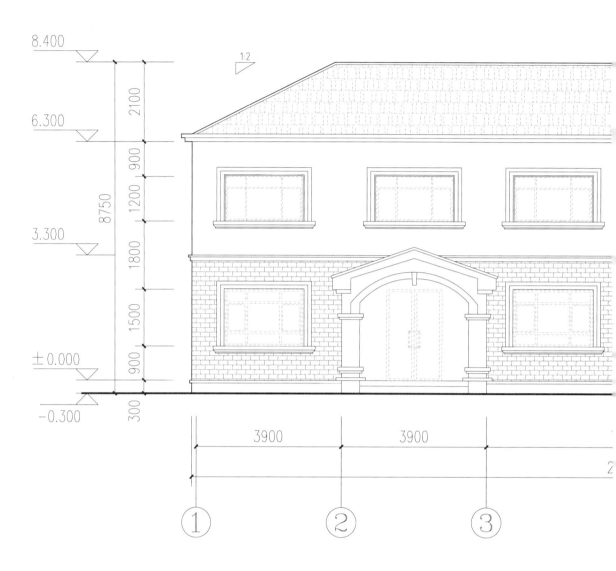

8.400

2100

6.300

900

1200

8750

3.300

1800

1500

±0.000

900

-0.300

300

1:2

3900

3900

① ② ③

3900 3900

⑥ ⑦ ⑧

①-⑧轴立面图 1:100

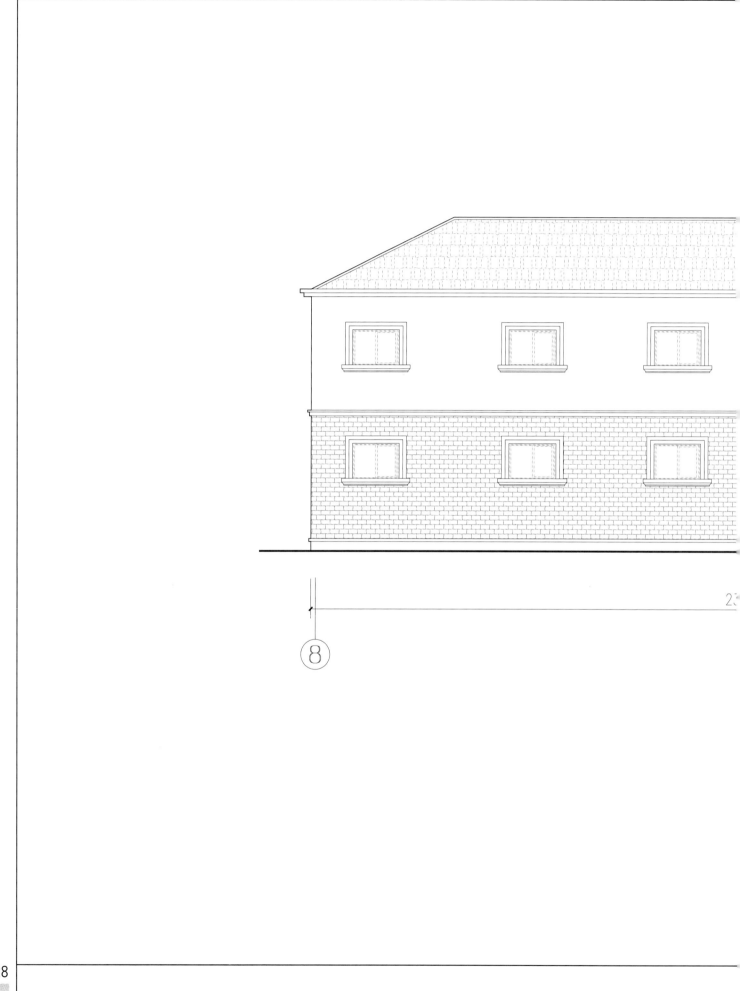

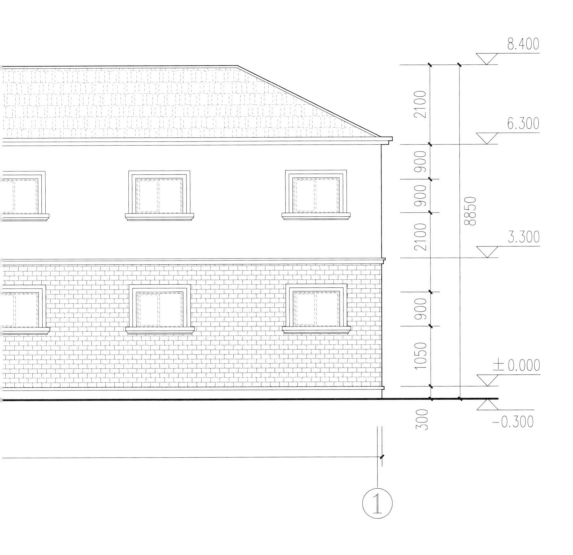

8.400

2100

6.300

900

900

8850

2100

3.300

900

1050

±0.000

300

−0.300

①-① 轴立面图 1:100

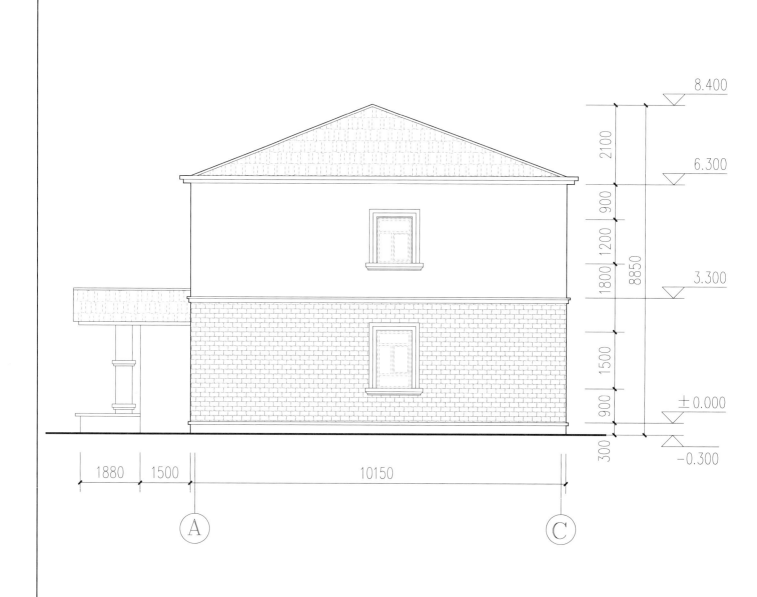

8.400

2100

6.300

900

1200

1800

8850

3.300

1500

±0.000

900

300

−0.300

1880 | 1500 | 10150

Ⓐ   Ⓒ

Ⓐ — Ⓒ 轴立面图 1:100

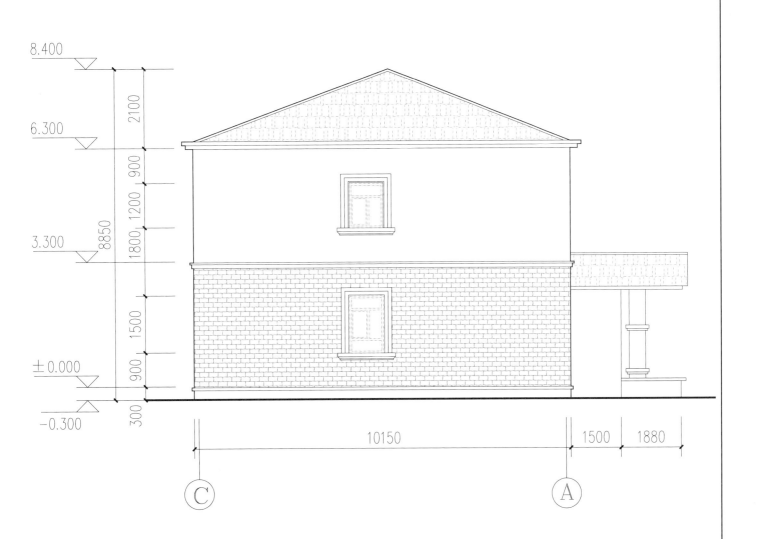

8.400

6.300

3.300

± 0.000

−0.300

2100

900

1200

1800

8850

1500

900

300

10150　　1500　1880

C　A

Ⓒ − Ⓐ 轴立面图 1:100

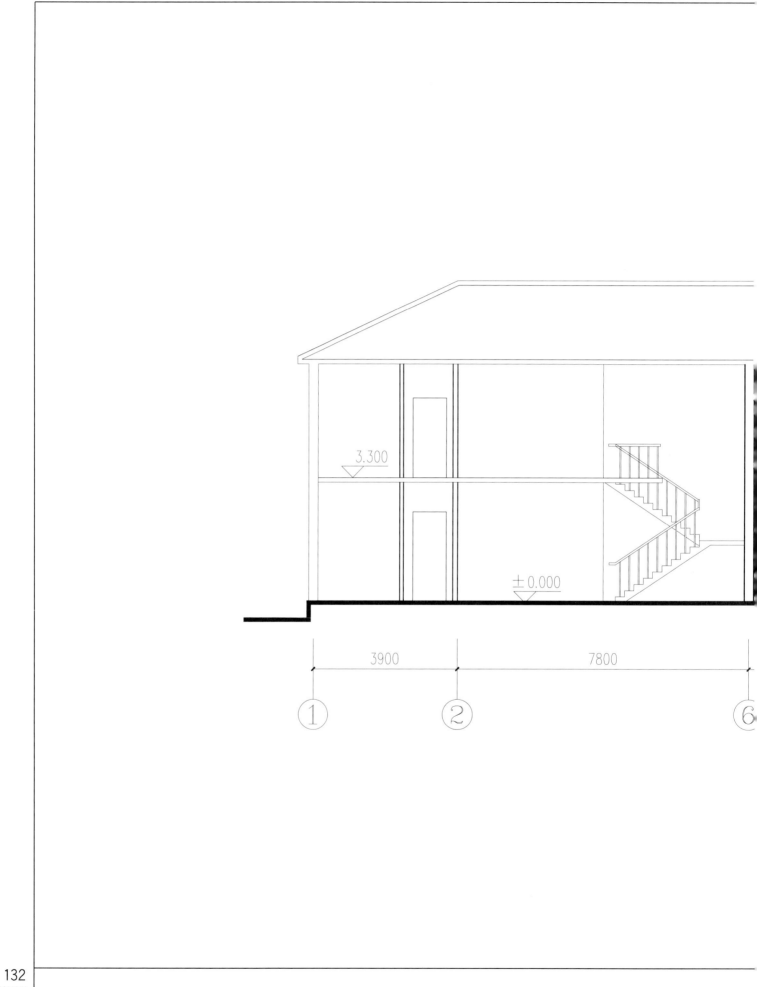

3.300

± 0.000

3900

7800

① ② ⑥

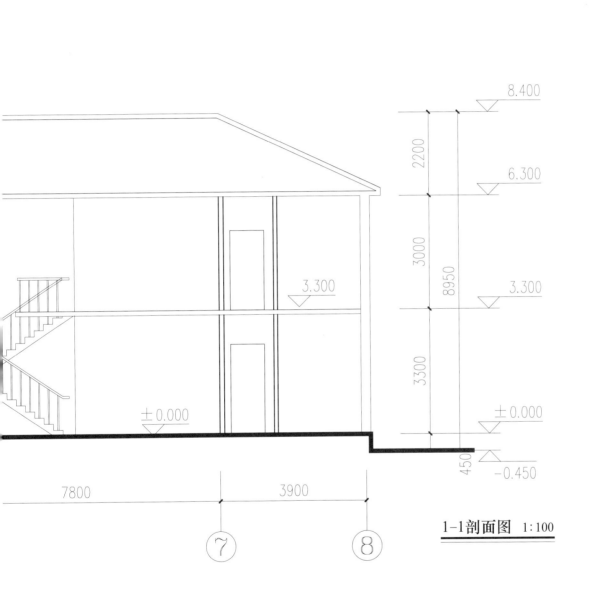

8.400

2200

6.300

3000

8950

3.300

3300

3.300

± 0.000

± 0.000

450

−0.450

7800

3900

⑦

⑧

1-1剖面图 1:100

门窗汇总表

类型	设计编号	洞口尺寸(mm)	数量			门窗名称
			1 层	2 层	合计	
普通门	M0921	900×2100	0	6	6	高级实木门
	M0924	900×2400	4	0	4	高级实木门
	M0824	800×2400	1	0	1	高级实木门
门	M1524	1500×2400	2	0	2	保温防盗门
普通窗	C1209	1200×900	3	0	3	单框双层玻璃平开塑钢
	C0915	600×1500	1	0	1	单框双层玻璃平开塑钢
	C2115	2100×1500	2	0	2	单框双层玻璃平开塑钢
	C0912	600×1200	0	1	1	单框双层玻璃平开塑钢
	C2112	2100×1200	0	3	3	单框双层玻璃平开塑钢

注：1. 本表中所给的塑钢门窗尺寸均为洞口尺寸，详图及构造由符合国家标准的生产厂家提

2. 本图中所给的塑钢门窗尺寸均为洞口及分格尺寸，具体做法及安装由生产厂家负责。

3. 门窗加工前需复核洞口尺寸及数量。

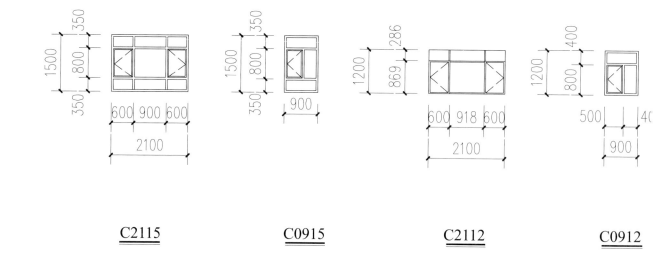

C2115   C0915   C2112   C0912

门窗详图

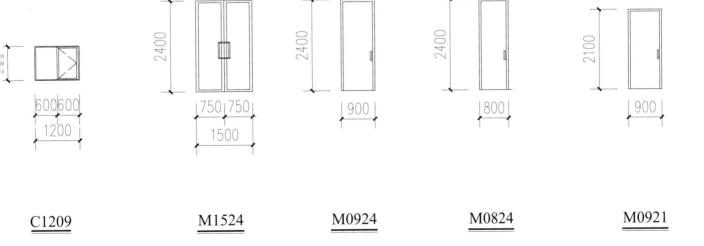

C1209　　M1524　　M0924　　M0824　　M0921

图册名称	装配式空腔模块低能耗抗灾房屋建造图册	户型名称	户型 H	图号
		图纸名称	门窗详图	H-8

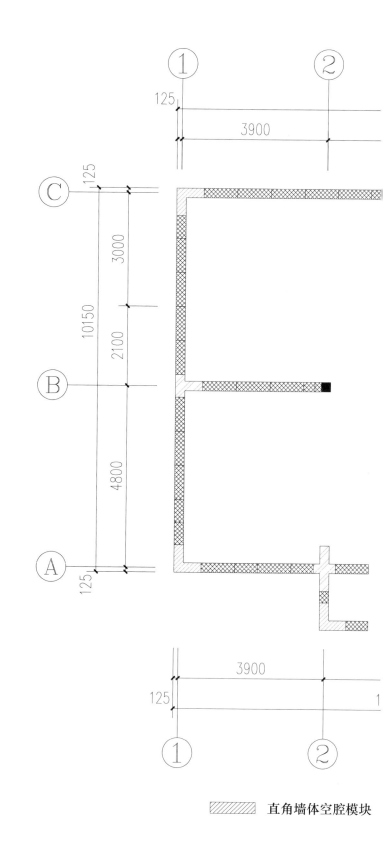

直角墙体空腔模块

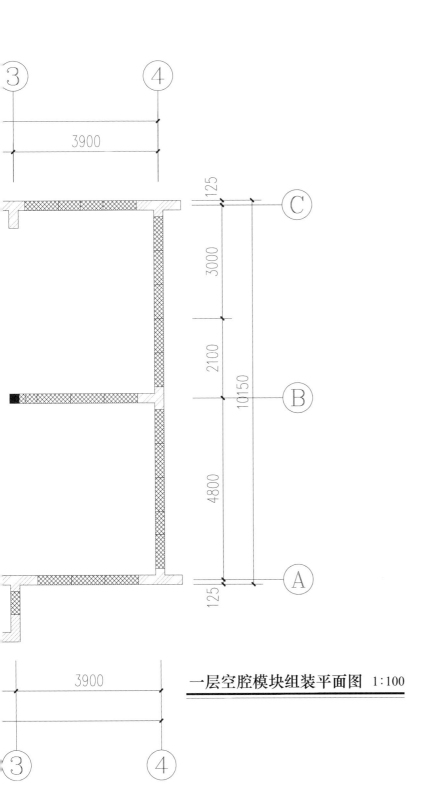

一层空腔模块组装平面图 1:100

▨ T形墙体空腔模块　▨ 直板墙体空腔模块

图册名称	装配式空腔模块低能耗抗灾房屋建造图册

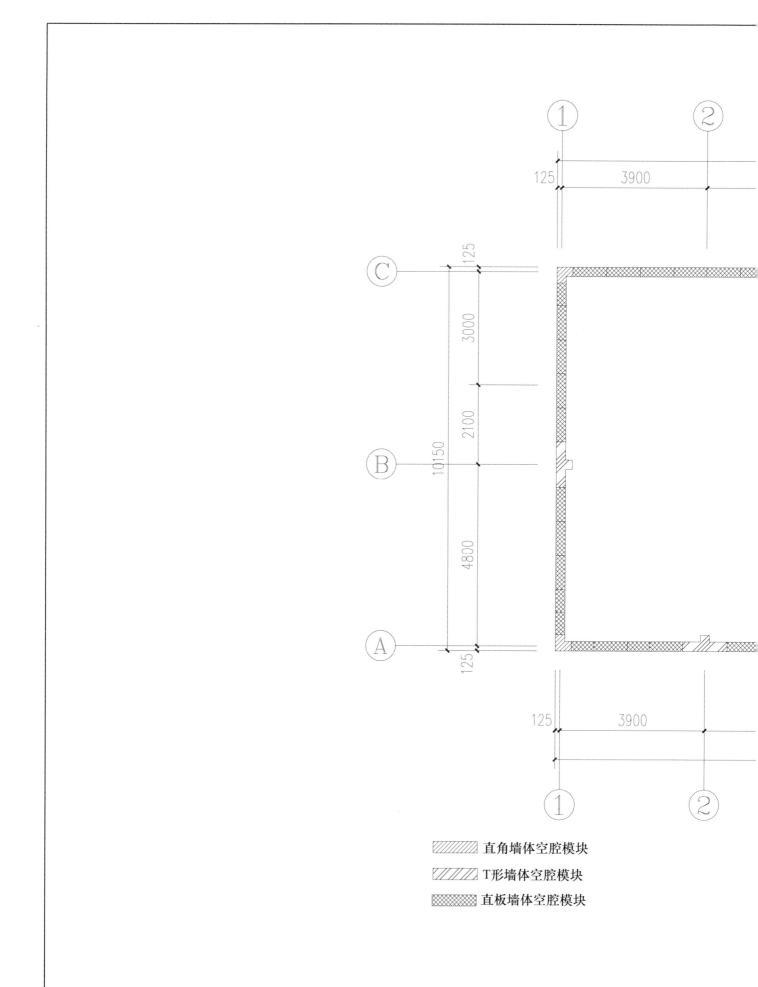

直角墙体空腔模块
T形墙体空腔模块
直板墙体空腔模块

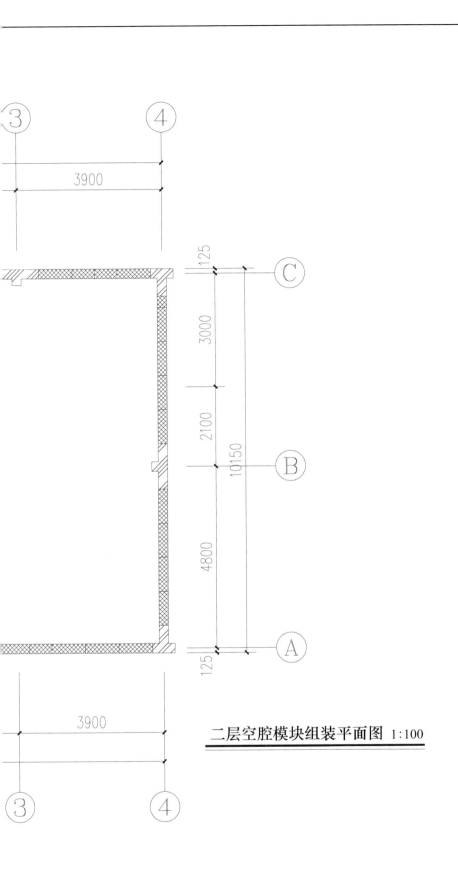

二层空腔模块组装平面图 1:100

图册名称	装配式空腔模块低能耗抗灾房屋建造图册	户型名称	户型 H	图号
		图纸名称	空腔模块组装平面图	H-10

139

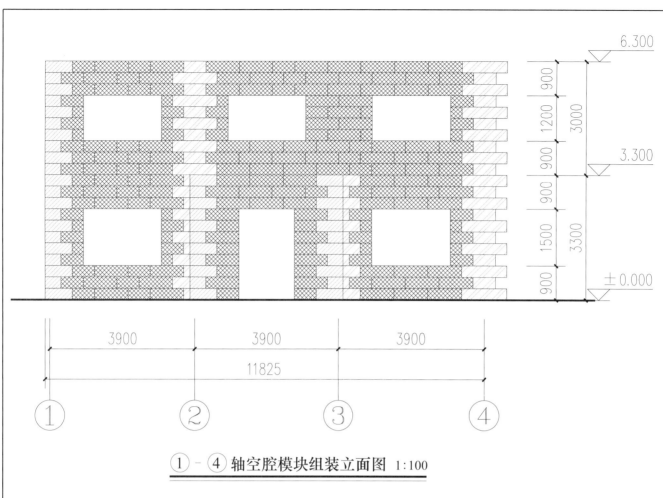

①-④ 轴空腔模块组装立面图 1:100

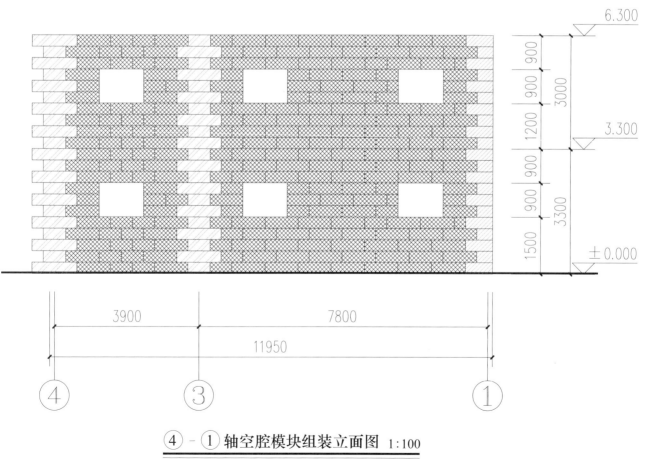

④-① 轴空腔模块组装立面图 1:100

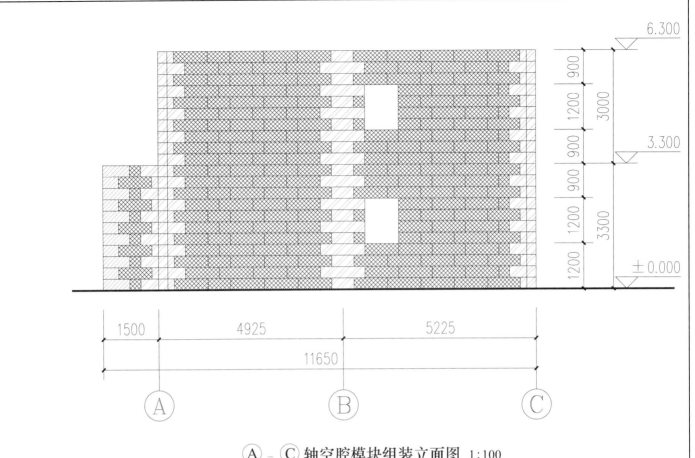

Ⓐ – Ⓒ 轴空腔模块组装立面图 1:100

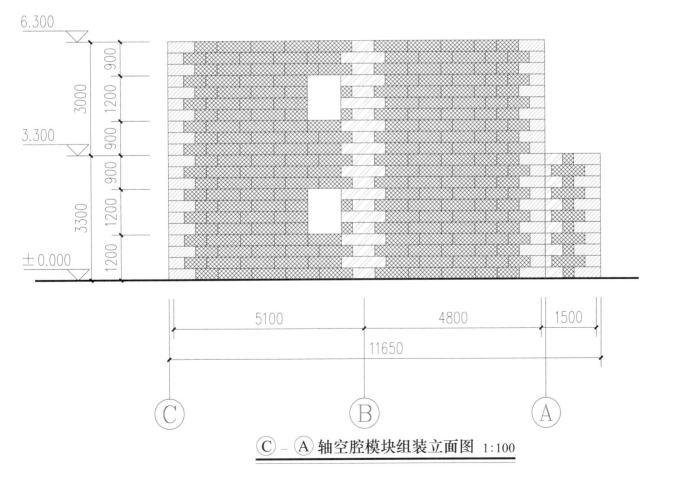

Ⓒ – Ⓐ 轴空腔模块组装立面图 1:100

图册名称	装配式空腔模块低能耗抗灾房屋建造图册	户型名称	户型 H	图号	141
		图纸名称	空腔模块组装立面图	H-11	

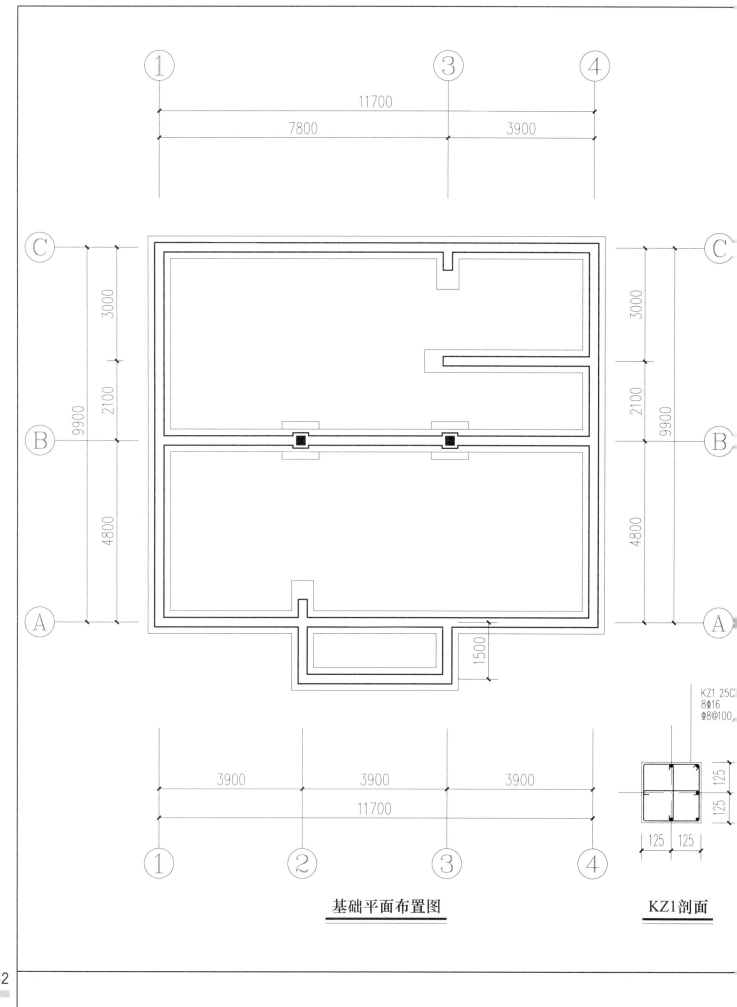

基础平面布置图

KZ1剖面

基础设计说明：

一、材料：混凝土强度等级为 C30，垫层为 100mm 厚 C15 素混凝土。

二、本项设计暂按地基承载力特征值为 150kPa 进行地基基础设计，标准冻深暂定为 0.6m，采用墙下条形基础，基础埋深同标准冻深；工程正式开工前应委托相关单位对本建设场地进行工程地质勘察，并应根据地质勘察报告对本工程设计进行复核修改。

三、基础施工注意事项：

　　1. 开挖基槽时，在基础底设计标高以上，预留 200mm 厚待挖，待基础施工时，再挖至基础设计标高。

　　2. 开挖基槽时，如遇菜窖、枯井、人防工事、软弱土层等异常情况，应立即联系相关单位处理。

　　3. 基槽开挖完毕，基础施工之前应会同勘察设计单位验槽，如遇与地质报告不符的情况，由勘察、设计、施工人员协商解决。

　　4. 基础施工时及后期使用时应做好场地防水、排水措施，严禁地基土浸水。

　　5. 基底超挖部分应用级配砂石回填至设计标高，其他超挖部分用黏土分层回填夯实。

四、图中标高以 m 为单位，尺寸以 mm 为单位；未特殊注明尺寸的构造柱均按轴线对中定位，框架柱定位尺寸见详图。

五、本工程施工时应符合国家现行相关施工验收规范和规程。

六、室内回填土压实系数不小于 0.94。

七、本工程未考虑冬期施工，且基础施工过程中严禁基底下残留冻土。

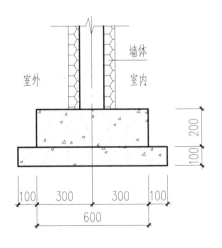

墙下基础剖面

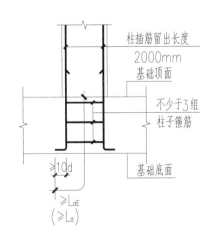

基础预留柱子插筋(纵向钢筋)

图册名称	装配式空腔模块低能耗抗灾房屋建造图册	户型名称	户型 H	图号	143
		图纸名称	基础平面布置图	H-12	

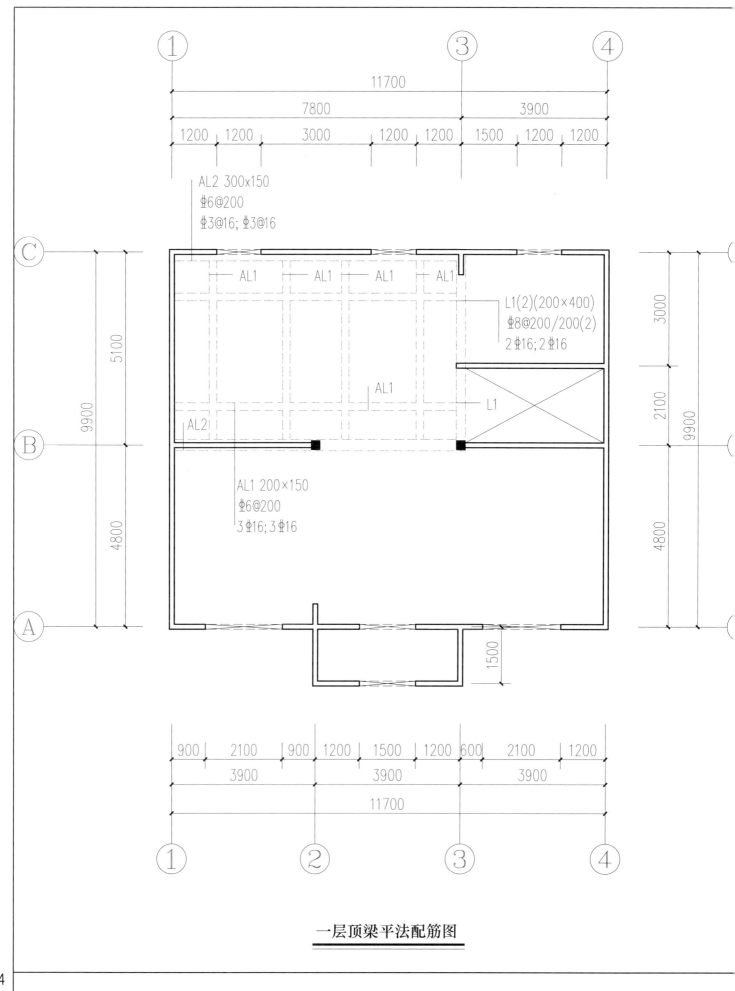

一层顶梁平法配筋图

梁设计说明：

1. 本图梁采用 C30 混凝土，采用 HRB400（Φ）钢筋，也可使用 HRB335（Φ）钢筋等强代换。

2. 本工程抗震设防烈度为 8 度，本层抗震等级为四级。

3. 梁纵筋宜采用绑扎搭接连接或焊接连接。

4. 梁相邻两跨平面定位尺寸或梁宽有变化时，其支座负筋应尽可能直通，不能直通时应各自锚入支座内。

5. 未标位置的梁，按对轴线居中布置。

6. 除特殊注明外本层梁梁顶标高一律按 3.260 处理。

图册名称	装配式空腔模块低能耗抗灾房屋建造图册	户型名称	户型 H	图号	145
		图纸名称	一层顶梁平法配筋图	H-13	

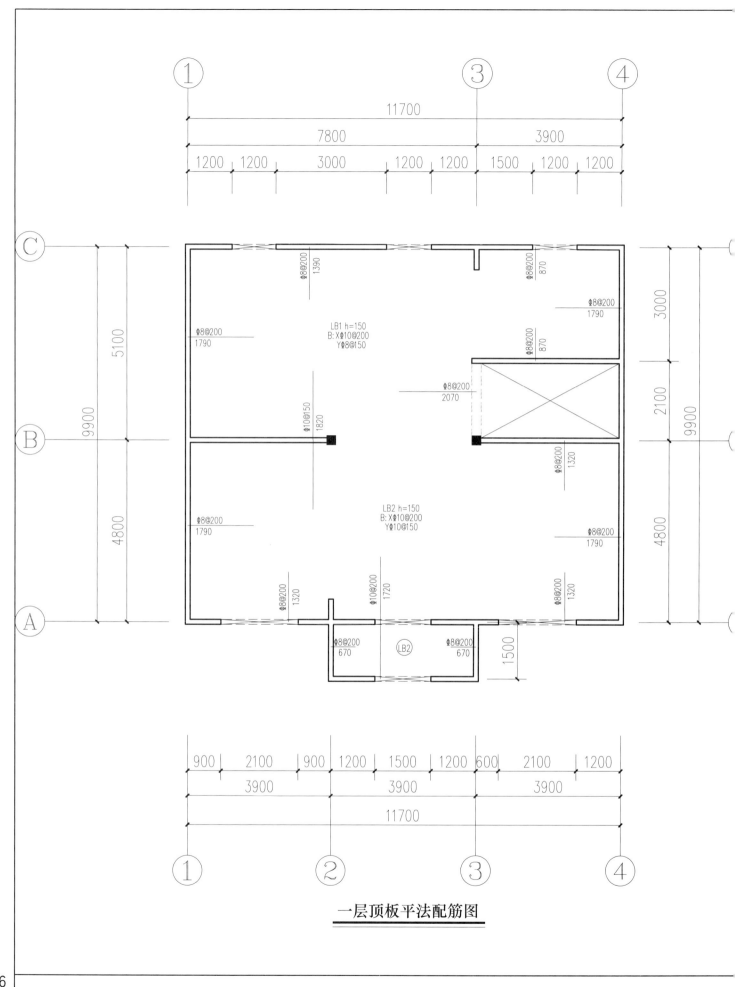

一层顶板平法配筋图

楼面免拆模板系统设计说明：

1. 本层现浇实心楼面免拆模板采用 C30 混凝土，采用 HRB400（Φ）钢筋，也可使用 HRB335（Φ）钢筋等强代换。

2. 楼面免拆模板顶标高除注明外均为 3.260m。

3. 未注明的梁均轴线居中或与墙、柱边齐。未标板正筋均采用双向Φ8@200 布置。

4. 楼面免拆模板拉通钢筋需要搭接时，上部钢筋在跨中搭接，下部钢筋在支座处搭接，拉通钢筋长度随平面尺寸调整。

5. 虚线洞口表示后浇管井板，施工时先按配筋图要求绑扎楼板钢筋，待管道安装完毕后再浇筑楼板混凝土。

6. 未设梁的洞口加强筋为每边2Φ14。

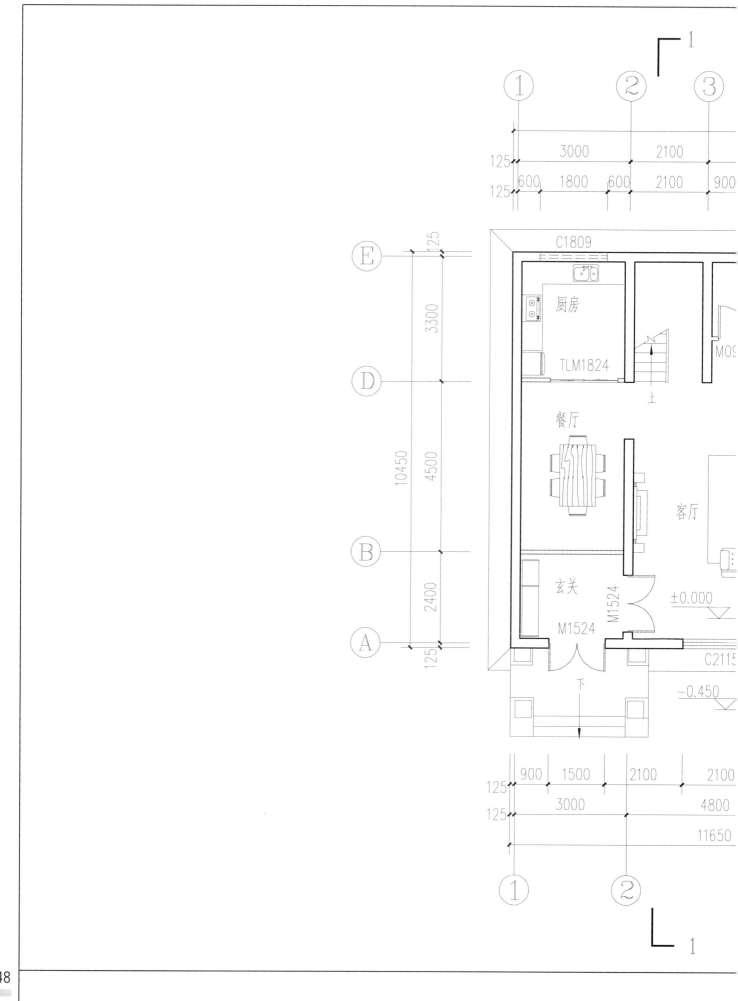

北

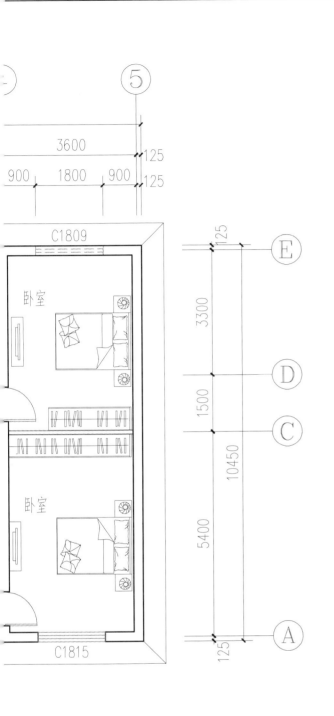

3600

125

900　1800　900

125

C1809

卧室

E

125

3300

D

1500

C

10450

卧室

5400

A

C1815

125

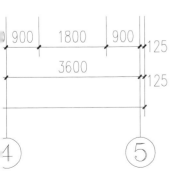

900　1800　900

125

3600

125

一层平面图 1:100

本层建筑面积：121.74m²
建筑面积：212.13m²

图册名称	装配式空腔模块低能耗抗灾房屋建造图册	户型名称	户型 I	图号
		图纸名称	一层平面图	I-1

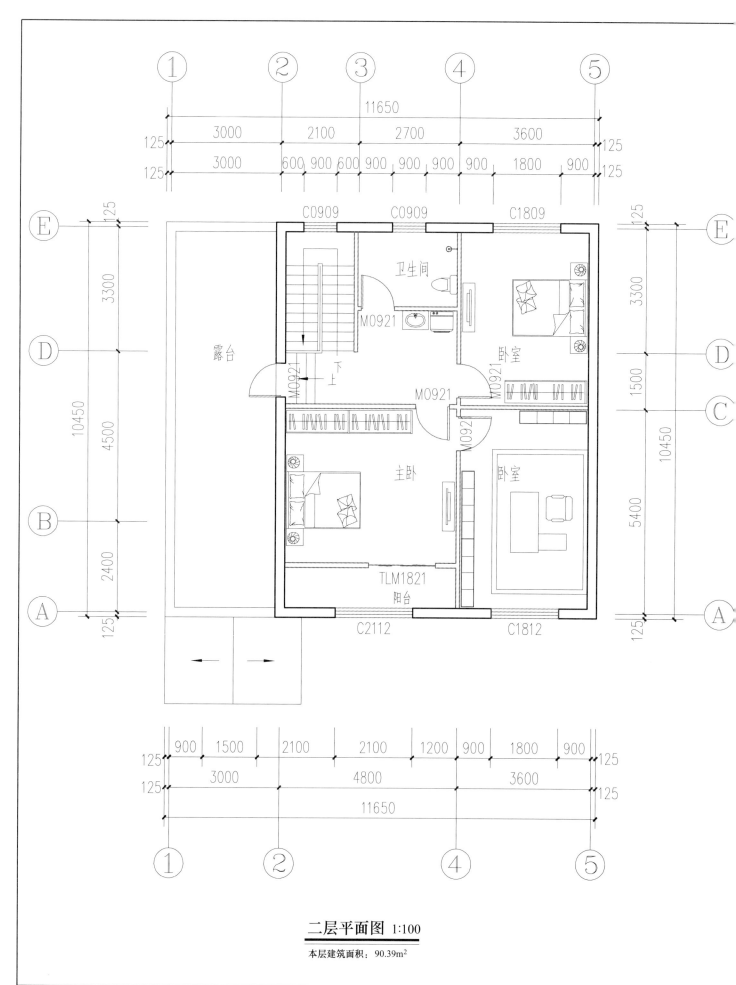

二层平面图 1:100

本层建筑面积：90.39m²

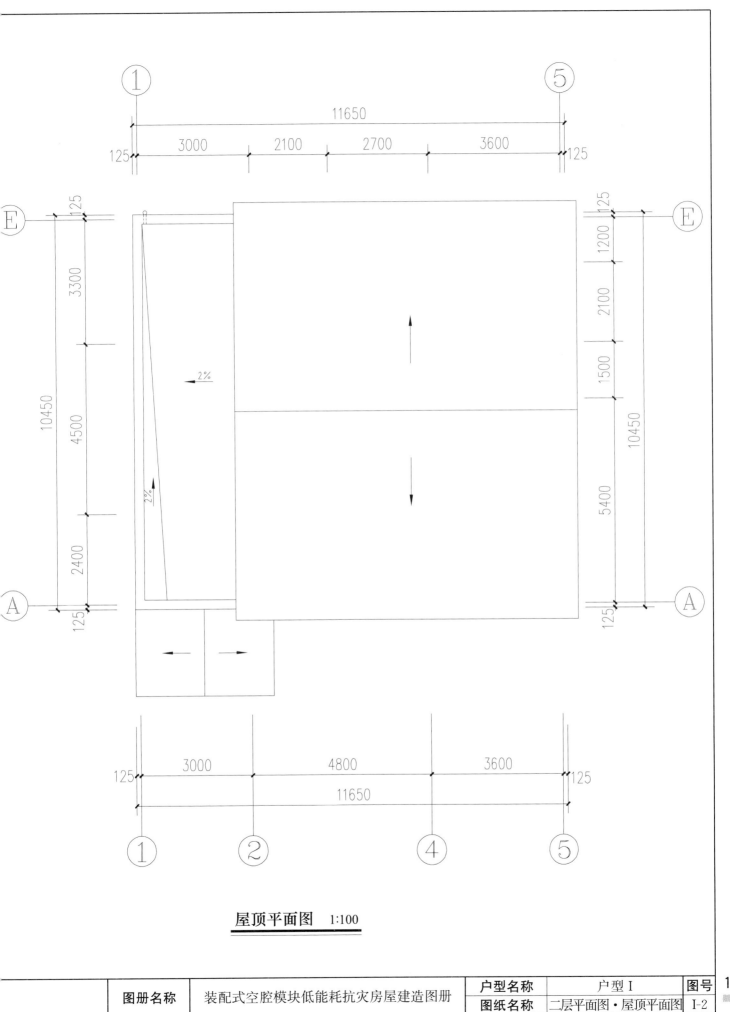

屋顶平面图 1:100

图册名称	装配式空腔模块低能耗抗灾房屋建造图册	户型名称	户型 I	图号	151
		图纸名称	二层平面图·屋顶平面图	I-2	

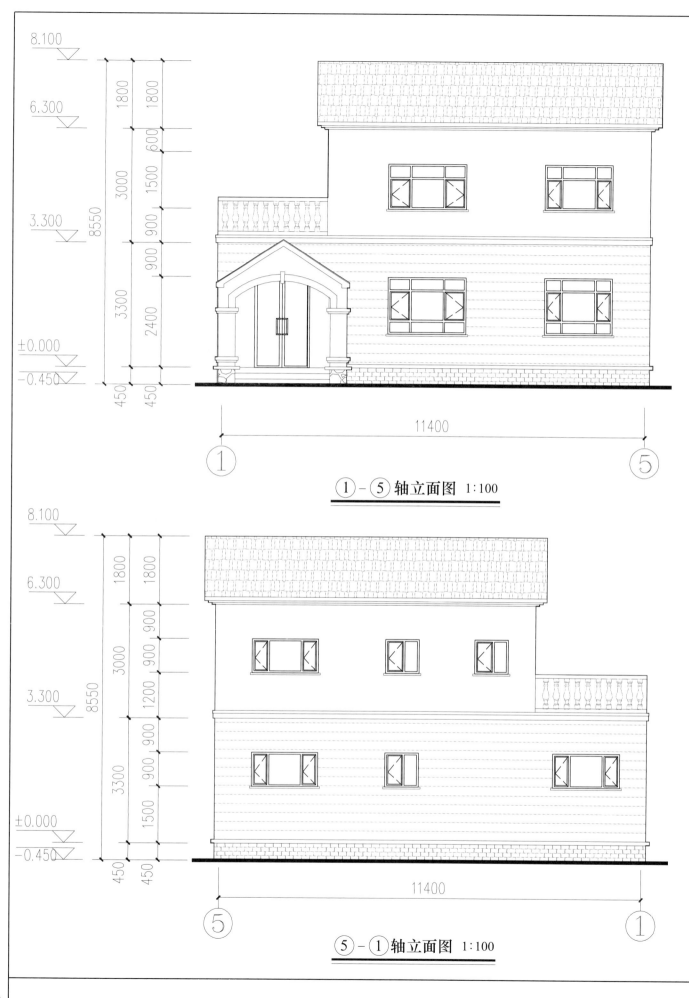

①-⑤轴立面图 1:100

⑤-①轴立面图 1:100

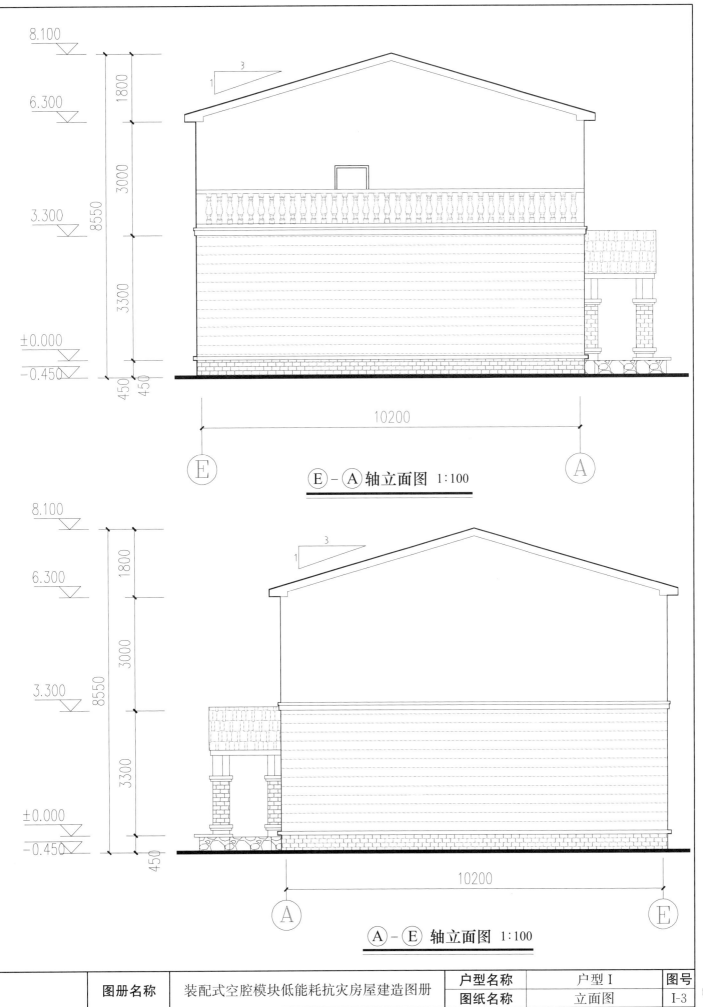

8.100

6.300

3.300

±0.000
-0.450

1800

3000

8550

3300

450 450

10200

Ⓔ   Ⓔ－Ⓐ 轴立面图 1:100   Ⓐ

8.100

6.300

3.300

±0.000
-0.450

1800

3000

8550

3300

450

10200

Ⓐ   Ⓐ－Ⓔ 轴立面图 1:100   Ⓔ

| 图册名称 | 装配式空腔模块低能耗抗灾房屋建造图册 | 户型名称 | 户型 I | 图号 | 153 |
| | | 图纸名称 | 立面图 | I-3 | |

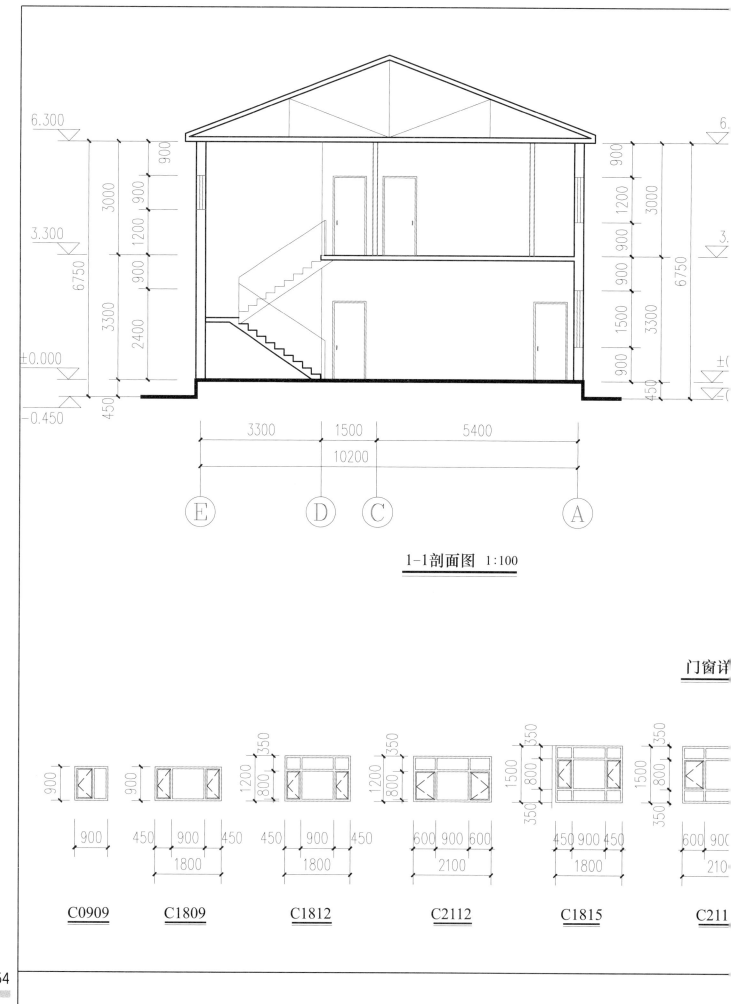

1-1剖面图 1:100

门窗详

C0909 C1809 C1812 C2112 C1815 C211

门窗汇总表

类型	设计编号	洞口尺寸(mm)	数量 1层	数量 2层	数量 合计	门窗名称
普通门	M0924	900×2400	3		3	高级实木门
	M0921	900×2100	5		5	高级实木门
	M1524	1500×2400	1		1	高级实木门
外门	M1524	1500×2400	1		1	保温防盗门
推拉门	TLM1824	1800×2400	1		1	单框双层玻璃平开塑钢推拉门
	TLM1821	1800×2100		1	1	单框双层玻璃平开塑钢推拉门
普通窗	C0909	900×900		3	3	单框双层玻璃平开塑钢窗
	C1809	1800×900	2	1	3	单框双层玻璃平开塑钢窗
	C1815	1800×1500	1		1	单框双层玻璃平开塑钢窗
	C2115	2100×1500	1		1	单框双层玻璃平开塑钢窗
	C2112	2100×1200		1	1	单框双层玻璃平开塑钢窗
	C1812	1800×1200		1	1	单框双层玻璃平开塑钢窗

注：1. 本表中所给的塑钢门窗尺寸均为洞口尺寸，详图及构造由符合国家标准的生产厂家提供。

2. 本图中所给的塑钢门窗尺寸均为洞口及分格尺寸，具体做法及安装由生产厂家负责。

3. 门窗加工前需复核洞口尺寸及数量。

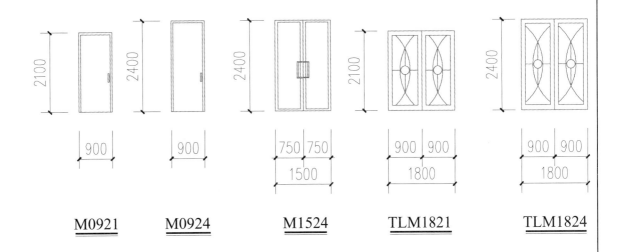

M0921   M0924   M1524   TLM1821   TLM1824

图册名称	装配式空腔模块低能耗抗灾房屋建造图册	户型名称	户型 I	图号
		图纸名称	剖面图·门窗详图	I-4

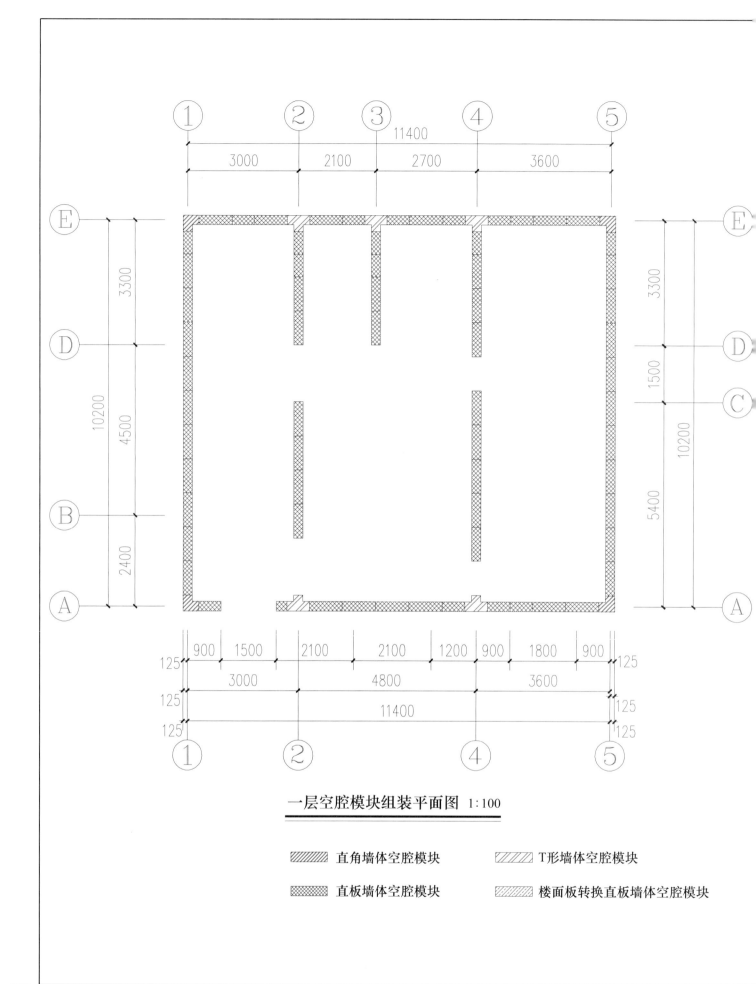

一层空腔模块组装平面图 1:100

▨ 直角墙体空腔模块		▨ T形墙体空腔模块
▨ 直板墙体空腔模块		▨ 楼面板转换直板墙体空腔模块

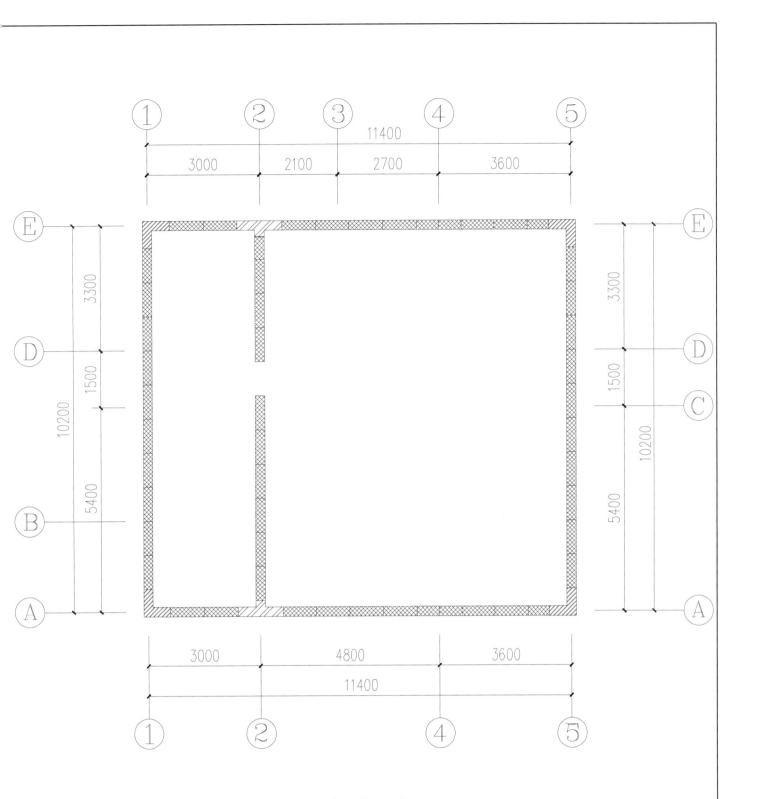

二层空腔模块组装平面图 1:100

▨▨▨ 楼板转换直角墙体空腔模块

▨▨▨ 楼板转换T形轻体空腔模块

图册名称	装配式空腔模块低能耗抗灾房屋建造图册	户型名称	户型 I	图号	157
		图纸名称	空腔模块组装平面图	I-5	

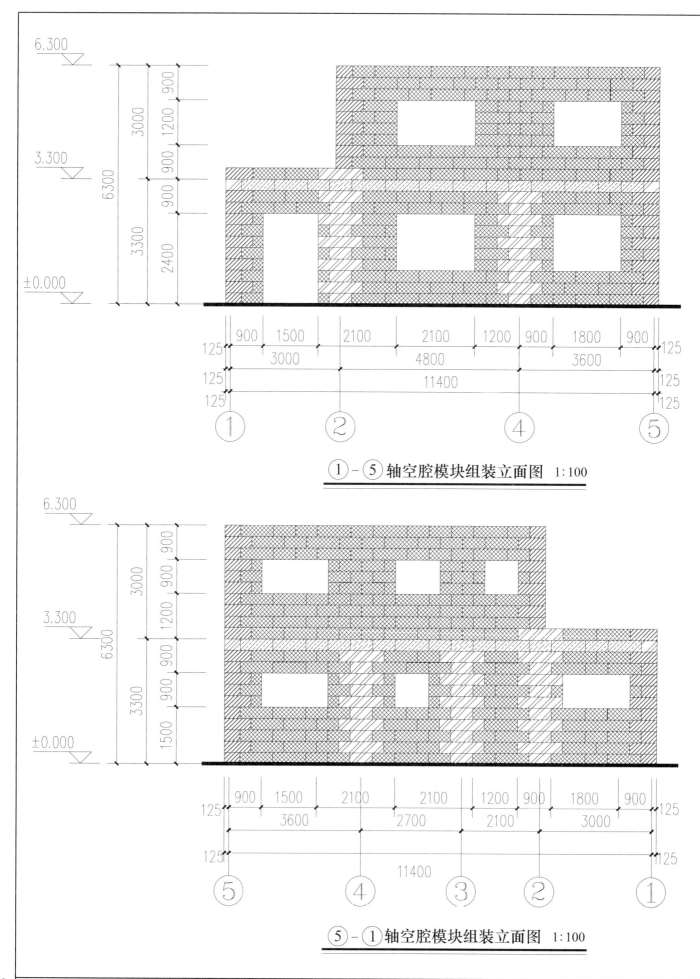

$1 - 5$ 轴空腔模块组装立面图　1:100

$5 - 1$ 轴空腔模块组装立面图　1:100

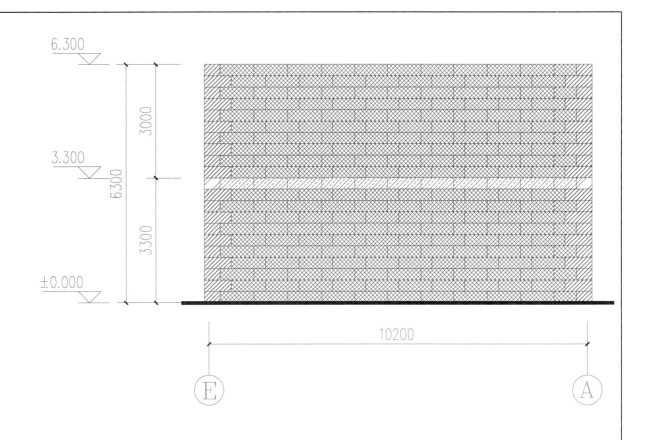

E－A轴空腔模块组装立面图 1:100

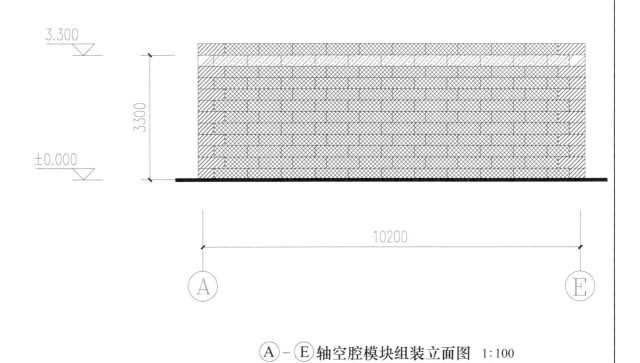

A－E轴空腔模块组装立面图 1:100

图册名称	装配式空腔模块低能耗抗灾房屋建造图册	户型名称	户型 I	图号
		图纸名称	空腔模块组装立面图	I-6

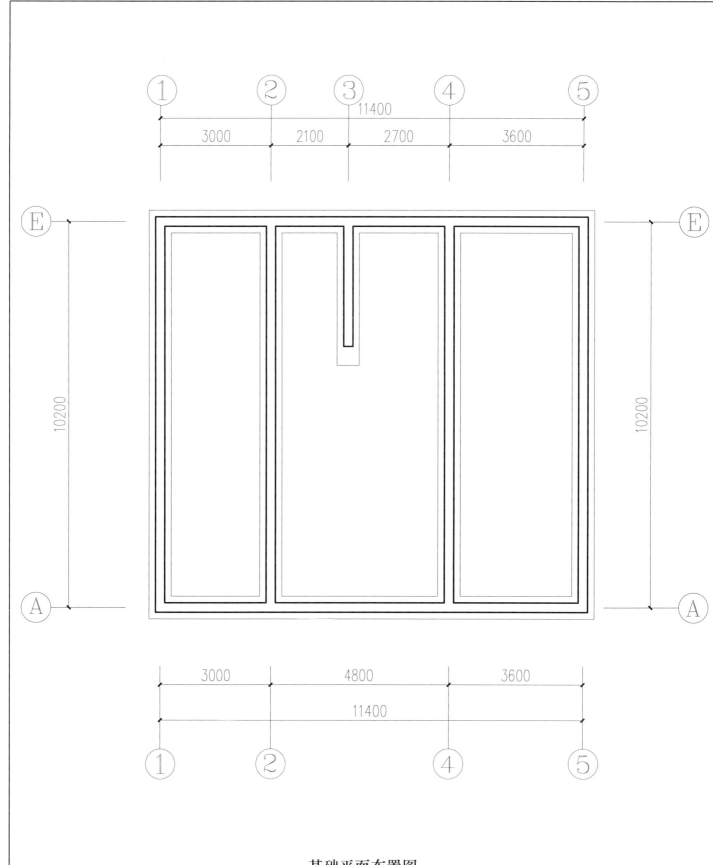

基础平面布置图

基础设计说明：

一、材料：混凝土强度等级为 C30，垫层为 100mm 厚 C15 素混凝土。

二、本项设计暂按地基承载力特征值为 150kPa 进行地基基础设计，标准冻深暂定为 0.6m，采用墙下条形基础，基础埋深同标准冻深；工程正式开工前应委托相关单位对本建设场地进行工程地质勘察，并应根据地质勘察报告对本工程设计进行复核修改。

三、基础施工注意事项：

　　1. 开挖基槽时，在基础底设计标高以上，预留 200mm 厚待挖，待基础施工时，再挖至基础设计标高。

　　2. 开挖基槽时，如遇菜窖、枯井、人防工事、软弱土层等异常情况，应立即联系相关单位处理。

　　3. 基槽开挖完毕，基础施工之前应会同勘察设计单位验槽，如遇与地质报告不符的情况，由勘察、设计、施工人员协商解决。

　　4. 基础施工时及后期使用时应做好场地防水、排水措施，严禁地基土浸水。

　　5. 基底超挖部分应用级配砂石回填至设计标高，其他超挖部分用黏土分层回填夯实。

四、图中标高以 m 为单位，尺寸以 mm 为单位；未特殊注明尺寸的构造柱均按轴线对中定位，框架柱定位尺寸见详图。

五、本工程施工时应符合国家现行相关施工验收规范和规程。

六、室内回填土压实系数不小于 0.94。

七、本工程未考虑冬期施工，且基础施工过程中严禁基底下残留冻土。

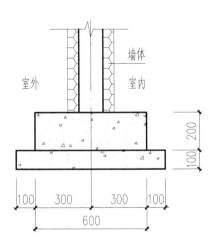

墙下基础剖面　　　　　　**基础预留柱子插筋(纵向钢筋)**

图册名称	装配式空腔模块低能耗抗灾房屋建造图册	户型名称	户型 I	图号	161
		图纸名称	基础平面布置图	I-7	

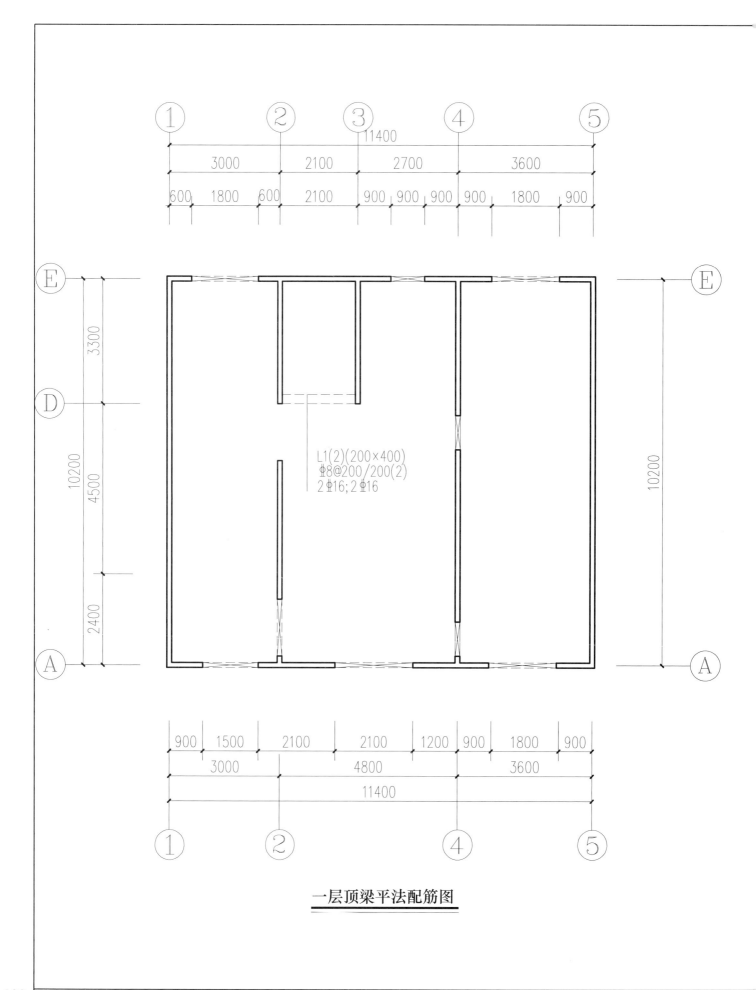

一层顶梁平法配筋图

梁设计说明：

1. 本图梁采用 C30 混凝土，采用 HRB400（Φ）钢筋，也可使用 HRB335（Φ）钢筋等强代换。

2. 本工程抗震设防烈度为 8 度，本层抗震等级为四级。

3. 梁纵筋宜采用绑扎搭接连接或焊接连接。

4. 梁相邻两跨平面定位尺寸或梁宽有变化时，其支座负筋应尽可能直通，不能直通时应各自锚入支座内。

5. 未标位置的梁，按对轴线居中布置。

6. 除特殊注明外本层梁梁顶标高一律按 3.260 处理。

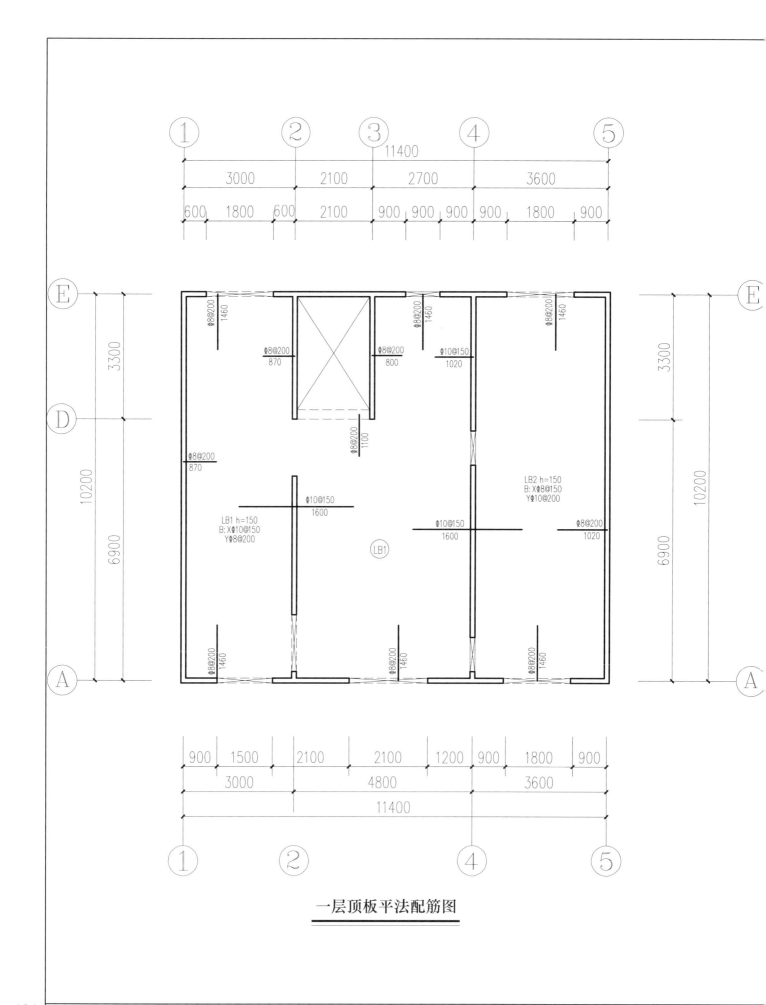

一层顶板平法配筋图

楼面免拆模板系统设计说明:

1. 本层现浇实心楼面免拆模板采用 C30 混凝土,采用 HRB400 (Φ) 钢筋,也可使用 HRB335 (Φ) 钢筋等强代换。

2. 楼面免拆模板顶标高除注明外均为 3.260m。

3. 未注明的梁均轴线居中或与墙、柱边齐。未标板正筋均采用双向Φ8@200 布置。

4. 楼面免拆模板拉通钢筋需要搭接时,上部钢筋在跨中搭接,下部钢筋在支座处搭接,拉通钢筋长度随平面尺寸调整。

5. 虚线洞口表示后浇管井板,施工时先按配筋图要求绑扎楼板钢筋,待管道安装完毕后再浇筑楼板混凝土。

6. 未设梁的洞口加强筋为每边 2Φ14。

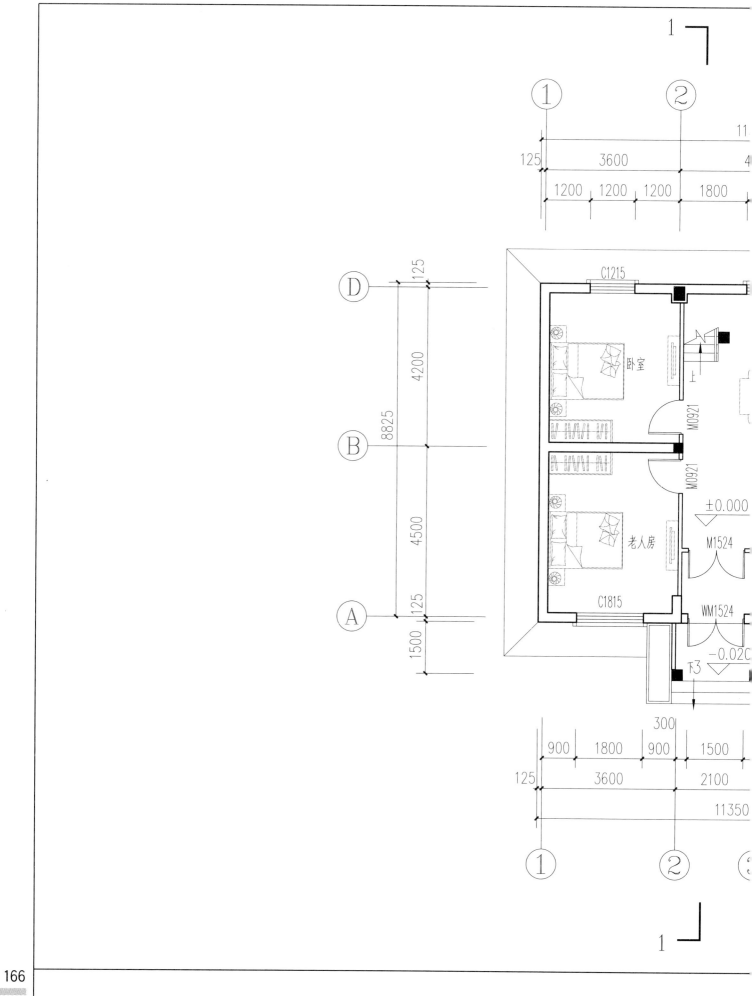

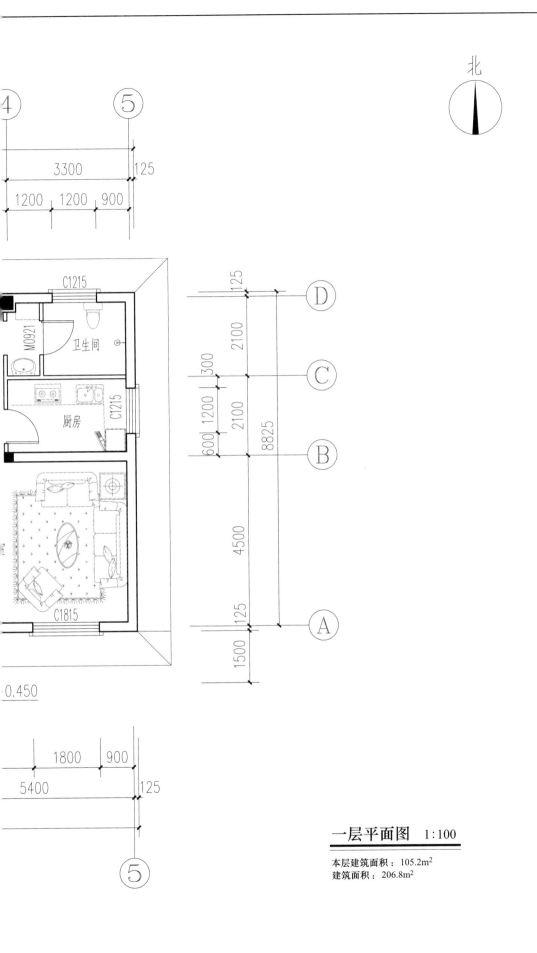

北

C1215

M0921

卫生间

C1125

厨房

C1815

-0.450

3300   125

1200 1200 900

125

2100

300

2100

600 1200

8825

4500

125

1500

D

C

B

A

1800 900

5400   125

4   5

5

一层平面图 1:100

本层建筑面积：105.2m²
建筑面积：206.8m²

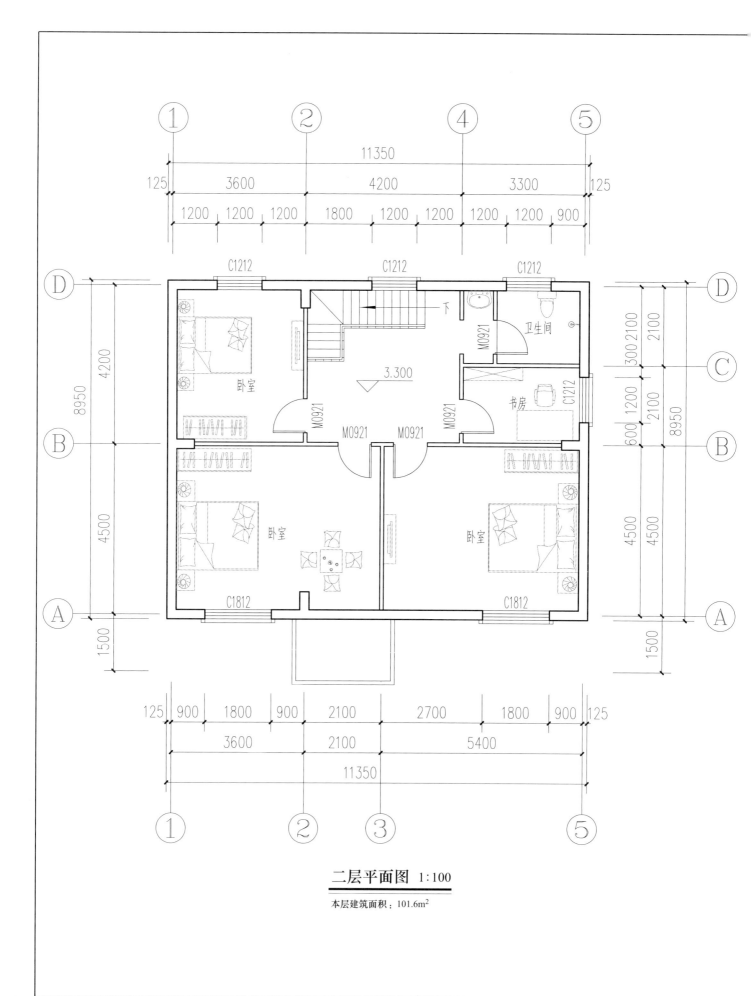

二层平面图 1:100

本层建筑面积：101.6m²

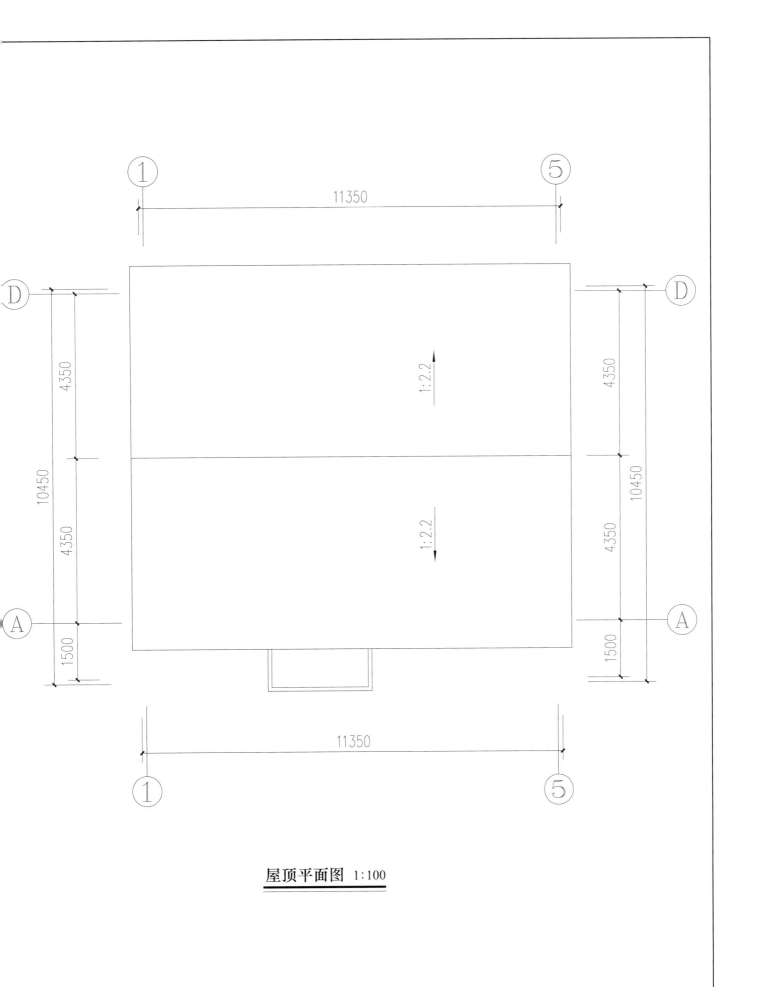

屋顶平面图 1:100

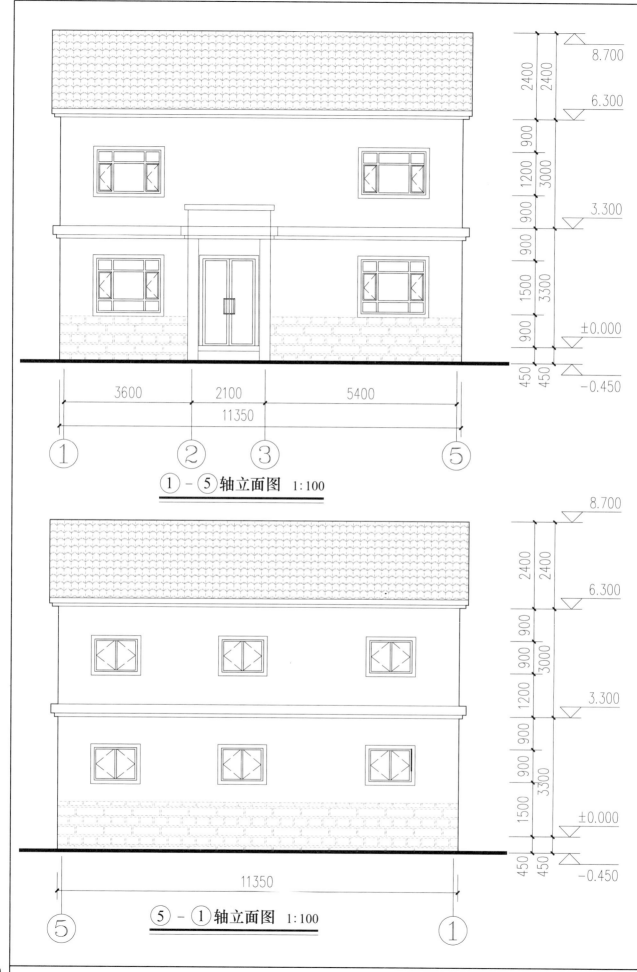

①－⑤轴立面图 1:100

⑤－①轴立面图 1:100

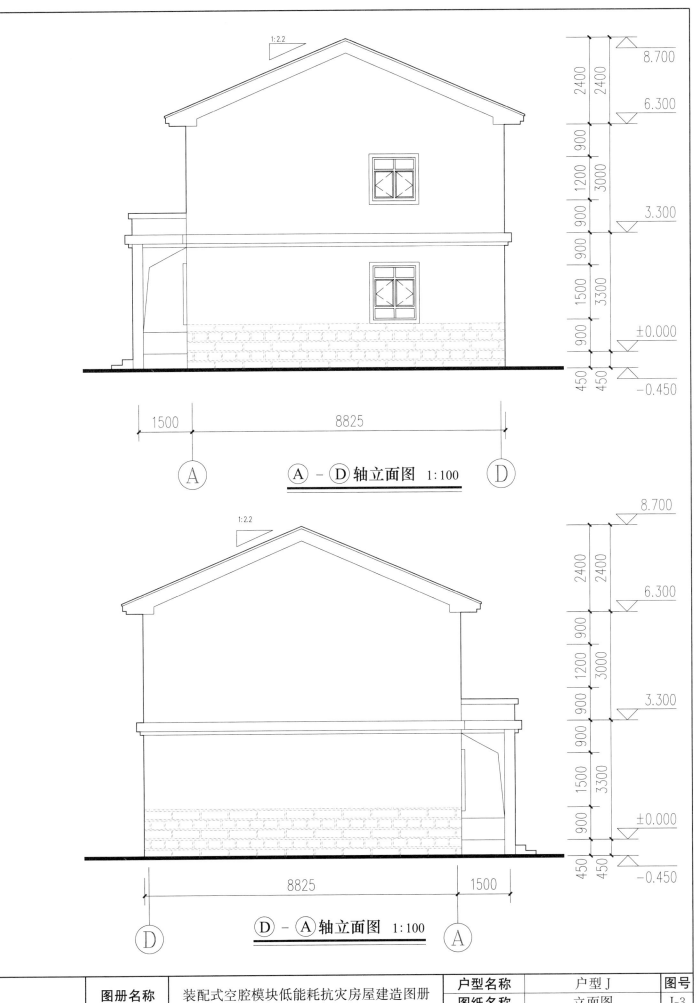

1:2.2

8.700

2400
2400

6.300

900
900

1200
1200
3000

900
900

3.300

900
900

1500
3300

900
900

±0.000

450
450

−0.450

1500

8825

Ⓐ

Ⓐ − Ⓓ轴立面图 1:100

Ⓓ

1:2.2

8.700

2400
2400

6.300

900
900

1200
1200
3000

900
900

3.300

900
900

1500
3300

900
900

±0.000

450
450

−0.450

8825

1500

Ⓓ

Ⓓ − Ⓐ轴立面图 1:100

Ⓐ

| 图册名称 | 装配式空腔模块低能耗抗灾房屋建造图册 | 户型名称 | 户型 J | 图号 | 171 |
| | | 图纸名称 | 立面图 | J-3 | |

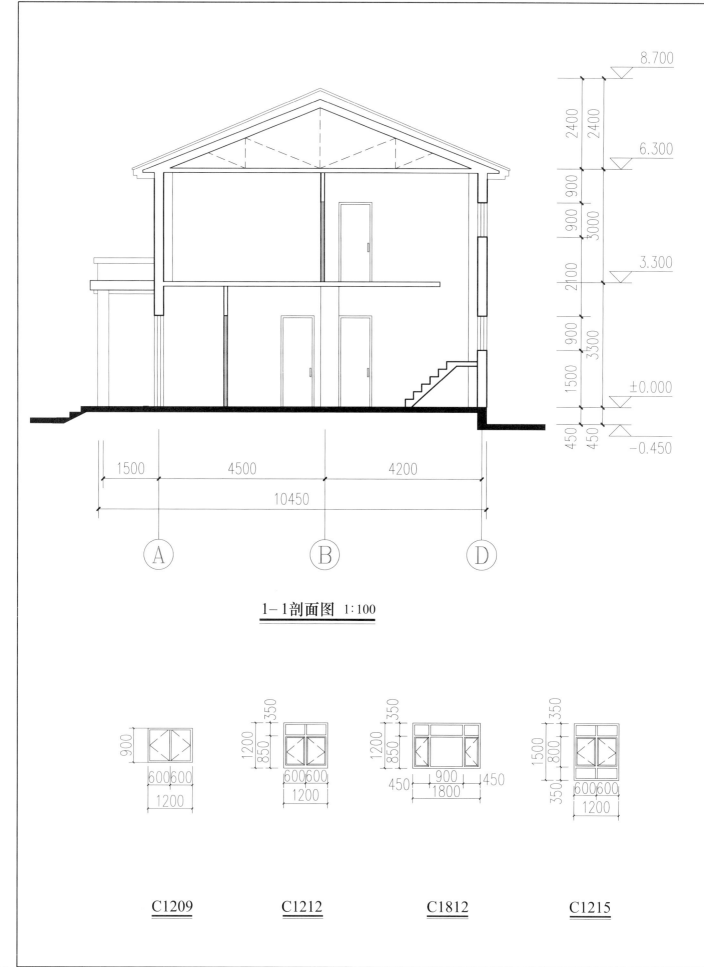

1-1剖面图 1:100

C1209　　　　　C1212　　　　　C1812　　　　　C1215

门窗汇总表

类型	设计编号	洞口尺寸(mm)	数量 1层	数量 2层	数量 合计	门窗名称
普通门	M0921	900×2100		5	5	高级实木门
	M0924	900×2400	4		4	高级实木门
	M1524	1500×2400	1		1	高级实木门
外门	M1524	1500×2400	1		1	保温防盗门
普通窗	C1212	1200×1200		1	1	单框双层玻璃平开塑钢窗
	C1215	1200×1500	1		1	单框双层玻璃平开塑钢窗
	C1812	1800×1200		2	2	单框双层玻璃平开塑钢窗
	C1815	1800×1500	2		2	单框双层玻璃平开塑钢窗
	C1209	1200×900	3	3	6	单框双层玻璃平开塑钢窗

注：1. 本表中所给的塑钢门窗尺寸均为洞口尺寸，详图及构造由符合国家标准的生产厂家提供。

2. 本图中所给的塑钢门窗尺寸均为洞口及分格尺寸，具体做法及安装由生产厂家负责。

3. 门窗加工前需复核洞口尺寸及数量。

门窗详图

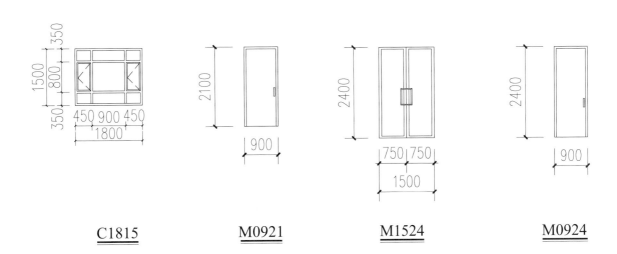

| C1815 | M0921 | M1524 | M0924 |

图册名称	装配式空腔模块低能耗抗灾房屋建造图册	户型名称	户型 J	图号 173
		图纸名称	剖面图·门窗详图	J-4

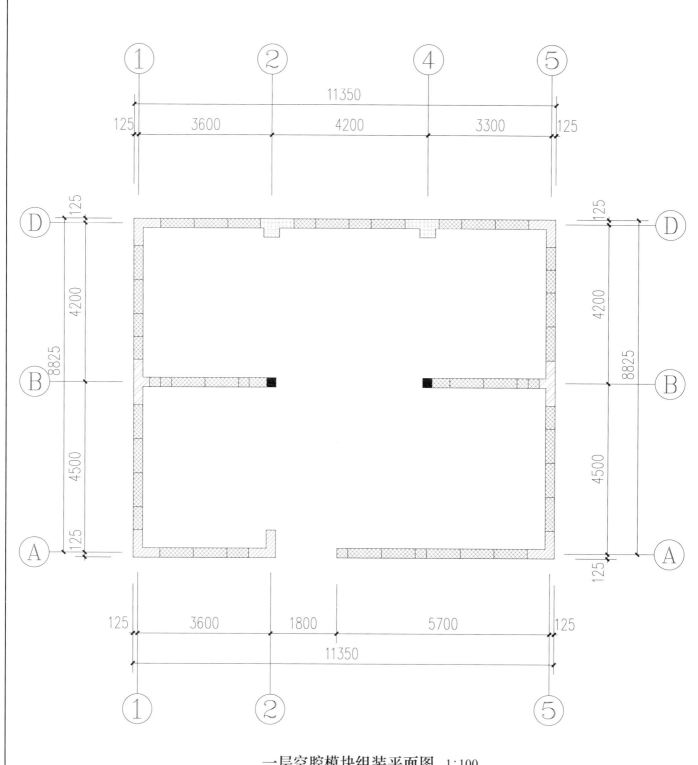

一层空腔模块组装平面图 1:100

图例	名称	图例	名称
	直角墙体空腔模块		T形墙体空腔模块
	直板墙体空腔模块		楼面板转换直板墙体空腔模块
	墙中扶墙柱模块		

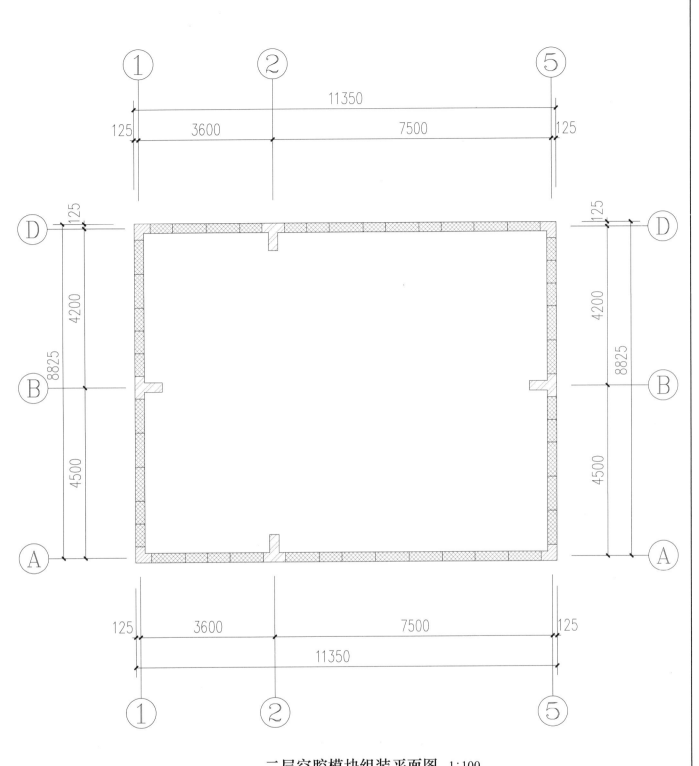

二层空腔模块组装平面图 1:100

▱▱▱ 楼板转换直角墙体空腔模块

▨▨▨ 楼板转换T形轻体空腔模块

图册名称	装配式空腔模块低能耗抗灾房屋建造图册	户型名称	户型J	图号	175
		图纸名称	空腔模块组装平面图	J-5	

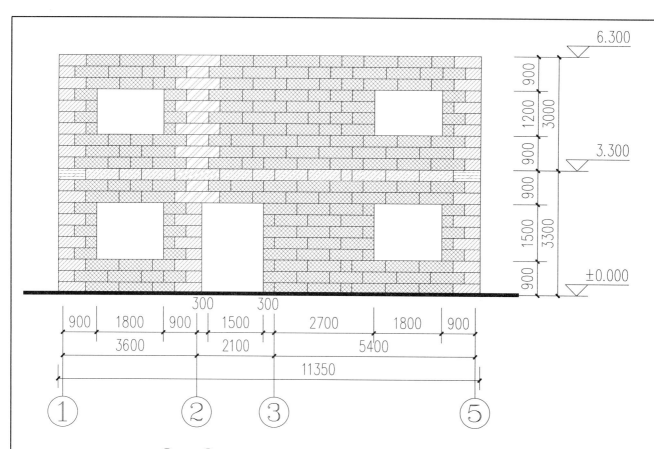

①－⑤轴空腔模块组装立面图 1:100

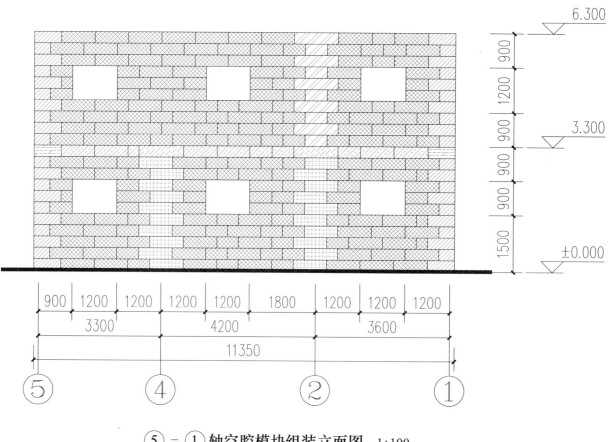

⑤－①轴空腔模块组装立面图 1:100

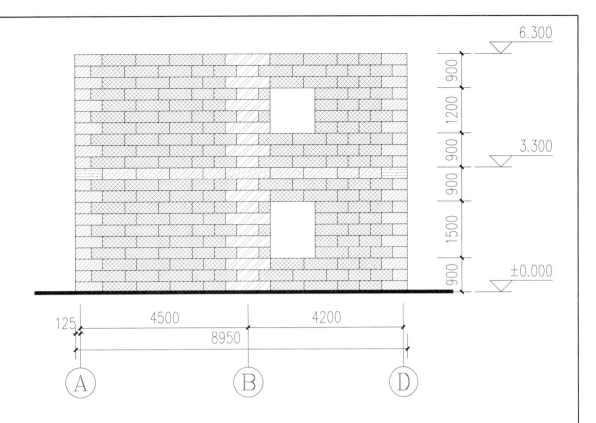

$\underset{A}{\ominus}$ － $\underset{D}{\ominus}$轴空腔模块组装立面图 1:100

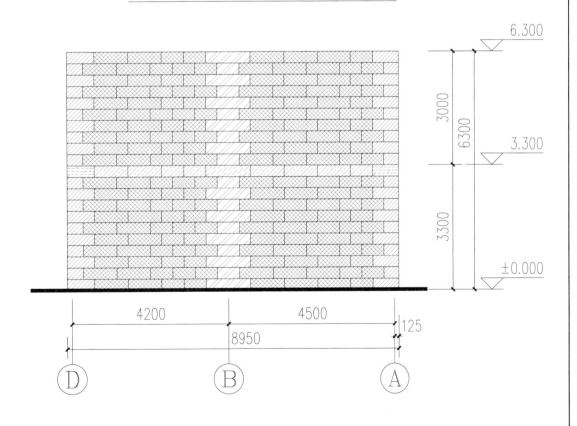

$\underset{D}{\ominus}$ － $\underset{A}{\ominus}$轴空腔模块组装立面图 1:100

图册名称	装配式空腔模块低能耗抗灾房屋建造图册	户型名称	户型 J	图号
		图纸名称	空腔模块组装立面图	J-6

177

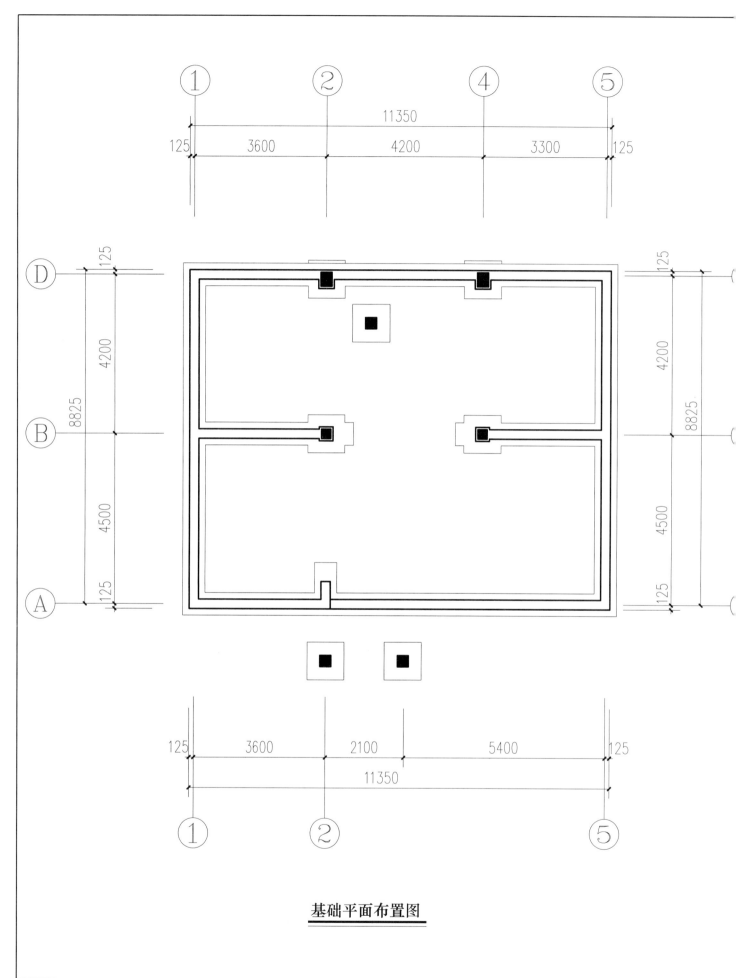

基础平面布置图

基础设计说明：

一、材料：混凝土强度等级为 C30，垫层为 100mm 厚 C15 素混凝土。

二、本项设计暂按地基承载力特征值为 150kPa 进行地基基础设计，标准冻深暂定为 0.6m，采用墙下条形基础，基础埋深同标准冻深；工程正式开工前应委托相关单位对本建设场地进行工程地质勘察，并应根据地质勘察报告对本工程设计进行复核修改。

三、基础施工注意事项：

　　1. 开挖基槽时，在基础底设计标高以上，预留 200mm 厚待挖，待基础施工时，再挖至基础设计标高。

　　2. 开挖基槽时，如遇菜窖、枯井、人防工事、软弱土层等异常情况，应立即联系相关单位处理。

　　3. 基槽开挖完毕，基础施工之前应会同勘察设计单位验槽，如遇与地质报告不符的情况，由勘察、设计、施工人员协商解决。

　　4. 基础施工时及后期使用时应做好场地防水、排水措施，严禁地基土浸水。

　　5. 基底超挖部分应用级配砂石回填至设计标高，其他超挖部分用黏土分层回填夯实。

四、图中标高以 m 为单位，尺寸以 mm 为单位；未特殊注明尺寸的构造柱均按轴线对中定位，框架柱定位尺寸见详图。

五、本工程施工时应符合国家现行相关施工验收规范和规程。

六、室内回填土压实系数不小于 0.94。

七、本工程未考虑冬期施工，且基础施工过程中严禁基底下残留冻土。

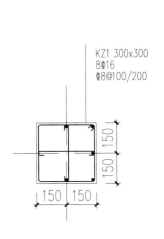

KZ1剖面

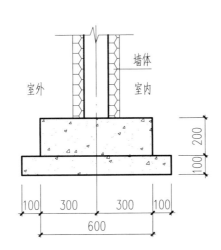

墙下基础剖面

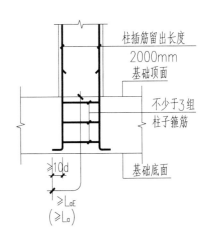

基础预留柱子插筋(纵向钢筋)

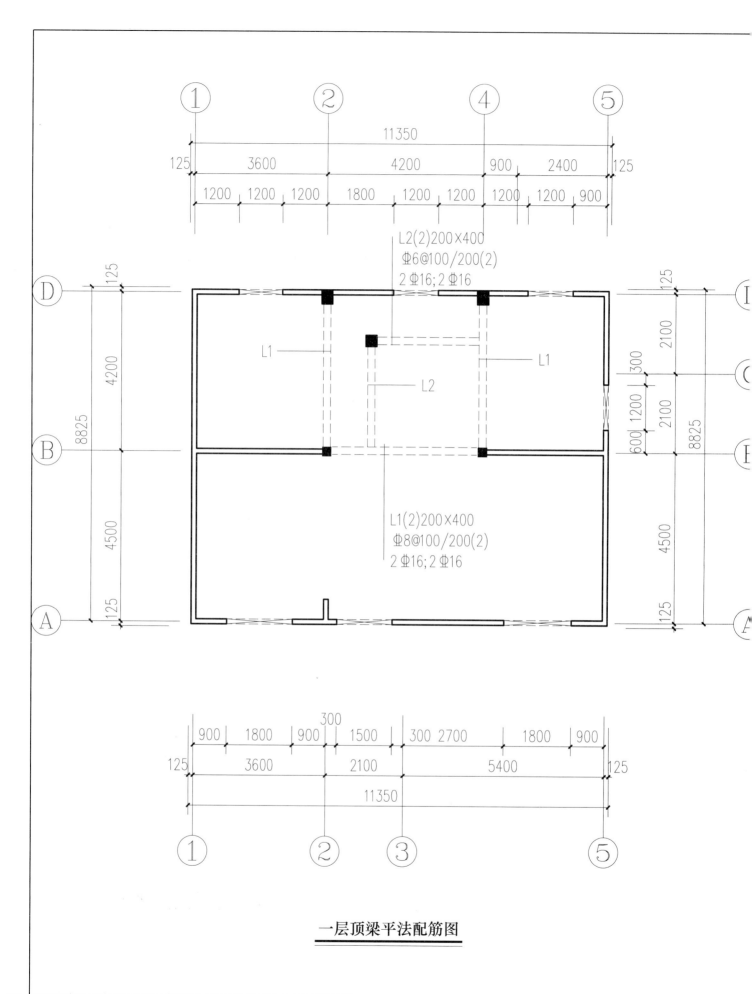

L2(2)200×400
Φ6@100/200(2)
2 Φ16; 2 Φ16

L1(2)200×400
Φ8@100/200(2)
2 Φ16; 2 Φ16

一层顶梁平法配筋图

梁设计说明：

1. 本图梁采用 C30 混凝土，采用 HRB400（Ⅲ）钢筋，也可使用 HRB335（Ⅱ）钢筋等强代换。

2. 本工程抗震设防烈度为 8 度，本层抗震等级为四级。

3. 梁纵筋宜采用绑扎搭接连接或焊接连接。

4. 梁相邻两跨平面定位尺寸或梁宽有变化时，其支座负筋应尽可能直通，不能直通时应各自锚入支座内。

5. 未标位置的梁，按对轴线居中布置。

6. 除特殊注明外本层梁梁顶标高一律按 3.260 处理。

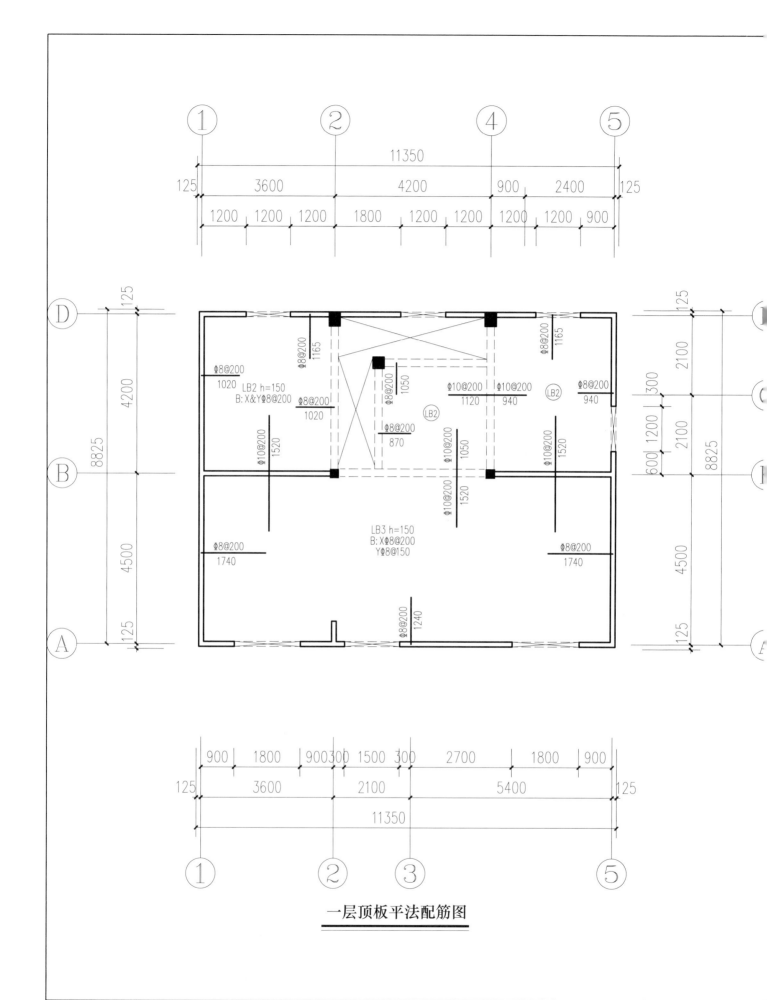

一层顶板平法配筋图

楼面免拆模板系统设计说明:

1. 本层现浇实心楼面免拆模板采用 C30 混凝土,采用 HRB400（Φ）钢筋,也可使用 HRB335（Φ）钢筋等强代换。

2. 楼面免拆模板顶标高除注明外均为 3.260m。

3. 未注明的梁均轴线居中或与墙、柱边齐。未标板正筋均采用双向Φ8@200 布置。

4. 楼面免拆模板拉通钢筋需要搭接时,上部钢筋在跨中搭接,下部钢筋在支座处搭接,拉通钢筋长度随平面尺寸调整。

5. 虚线洞口表示后浇管井板,施工时先按配筋图要求绑扎楼板钢筋,待管道安装完毕后再浇筑楼板混凝土。

6. 未设梁的洞口加强筋为每边 2Φ14。

图册名称	装配式空腔模块低能耗抗灾房屋建造图册	户型名称	户型 J	图号	183
		图纸名称	一层顶板平法配筋图	J-9	

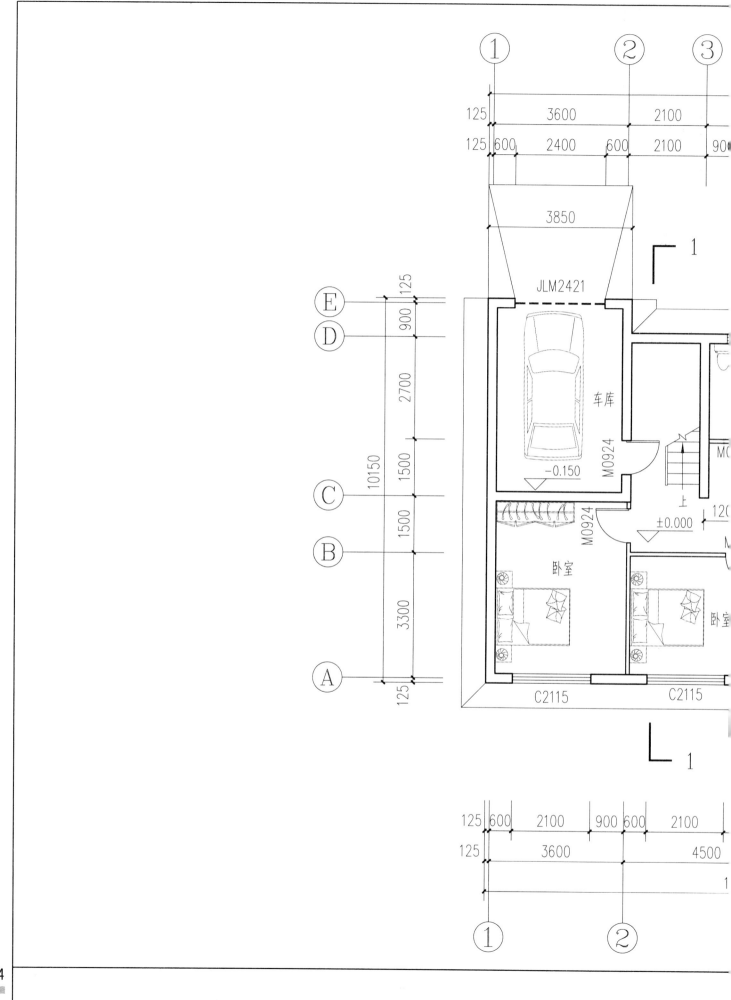

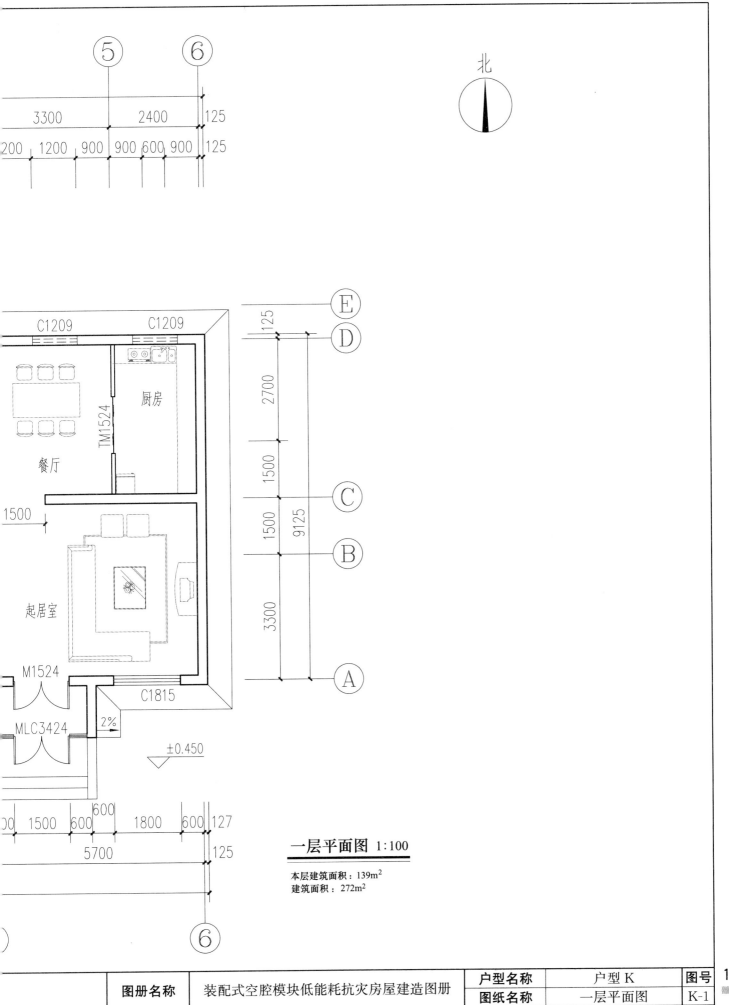

⑤ ⑥

3300 2400 125

200 1200 900 900 600 900 125

北

E
125
D

C1209 C1209

厨房

TM1524 2700

餐厅

1500

C

起居室

1500 9125

B

M1524

C1815

A

MLC3424 2%

±0.450

3300

一层平面图 1:100

本层建筑面积：139m²
建筑面积：272m²

1500 600 600 1800 600 127

5700 125

⑥

图册名称	装配式空腔模块低能耗抗灾房屋建造图册	户型名称	户型 K	图号
		图纸名称	一层平面图	K-1

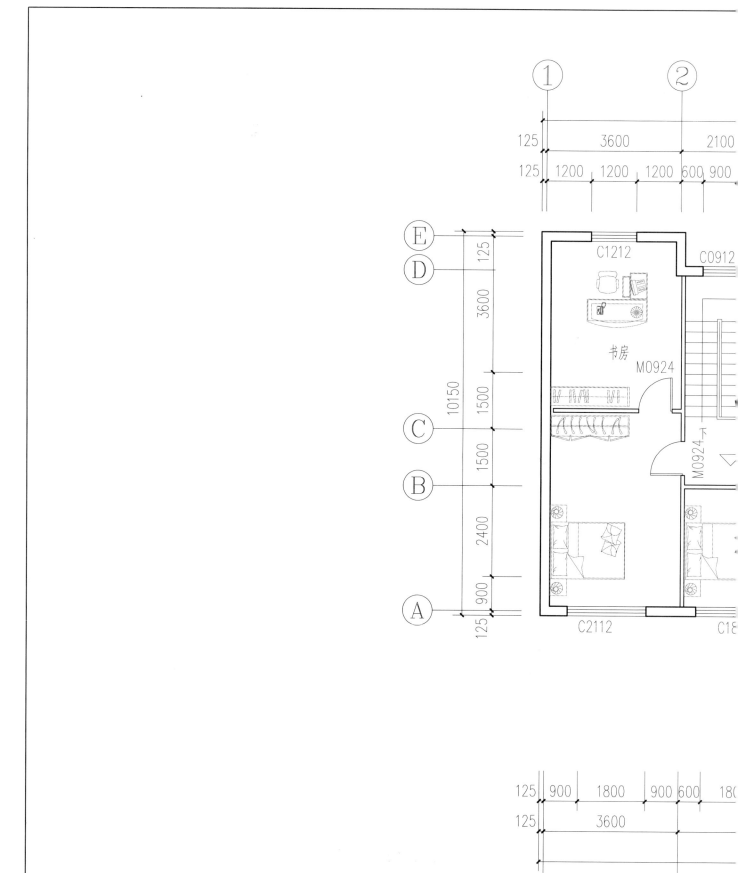

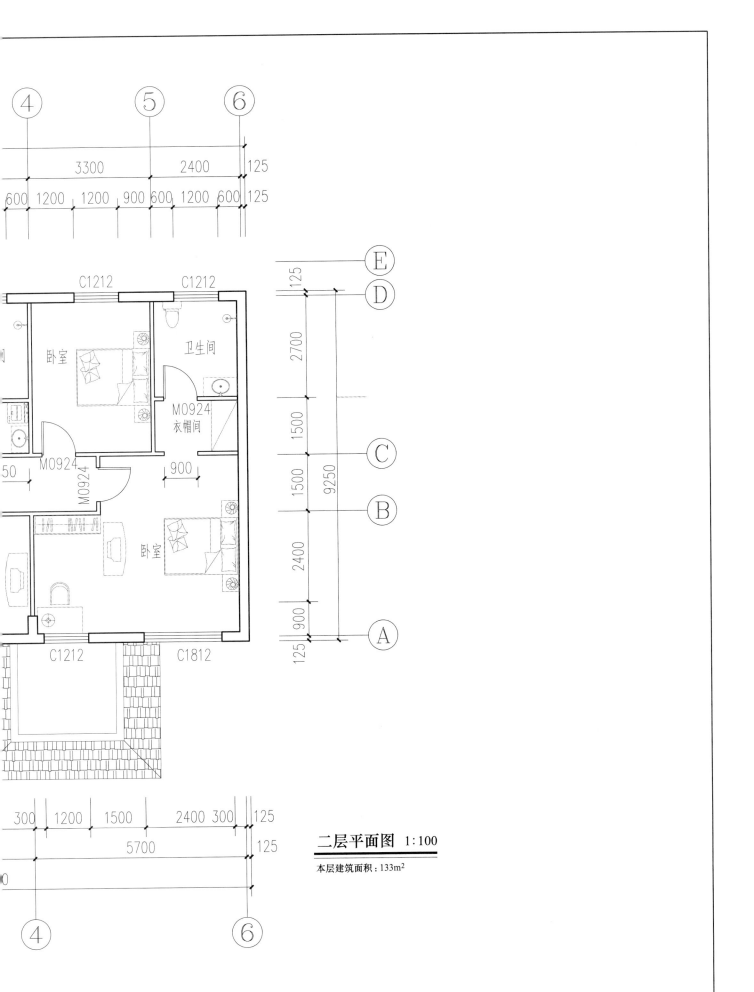

二层平面图 1:100

本层建筑面积：133m²

图册名称	装配式空腔模块低能耗抗灾房屋建造图册	户型名称	户型 K	图号
		图纸名称	二层平面图	K-2

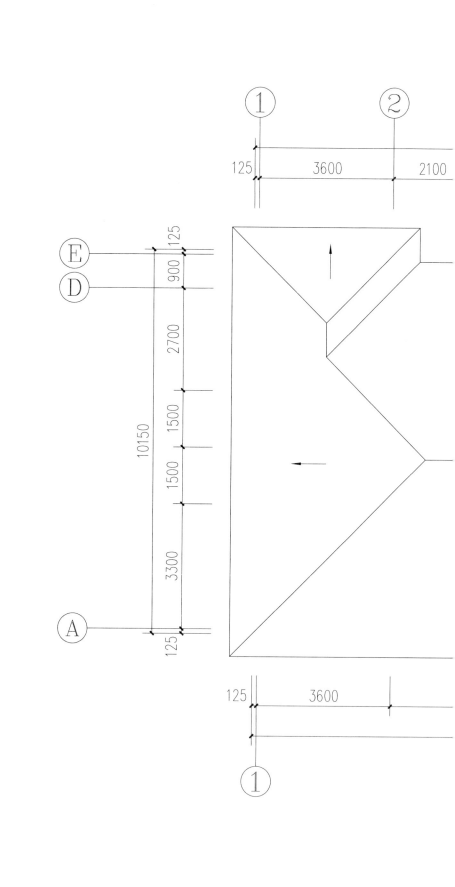

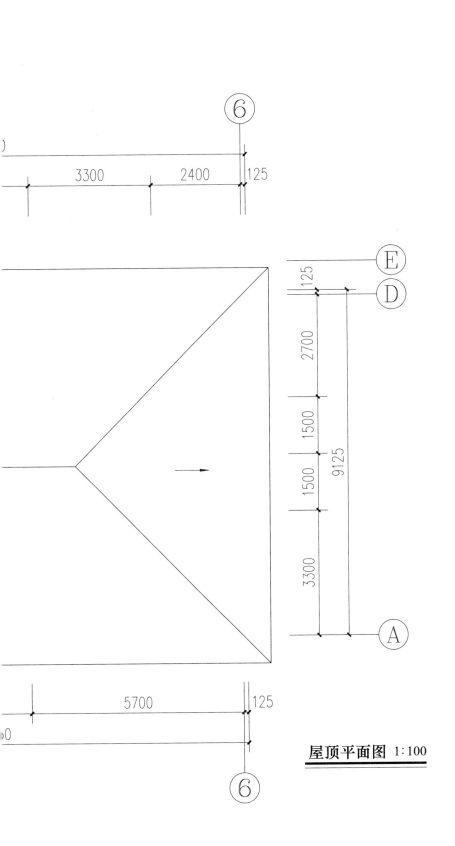

屋顶平面图 1:100

图册名称	装配式空腔模块低能耗抗灾房屋建造图册	户型名称	户型 K	图号
		图纸名称	屋顶平面图	K-3

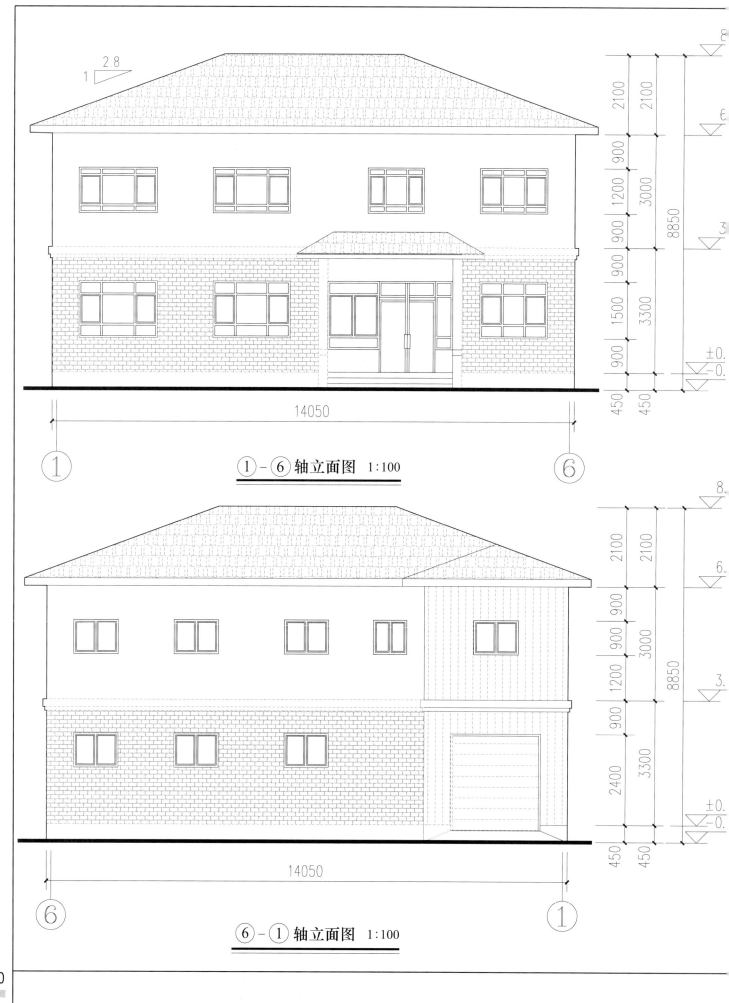

$\frac{1}{28}$

2100
2100
8850
900
1200
900
3000
900
900
1500
3300
900
±0.
-0.
450
450

14050

① ⑥ ①－⑥轴立面图 1:100

2100
2100
8850
900
900
3000
1200
3.
900
2400
3300
±0.
-0.
450
450

14050

⑥ ① ⑥－①轴立面图 1:100

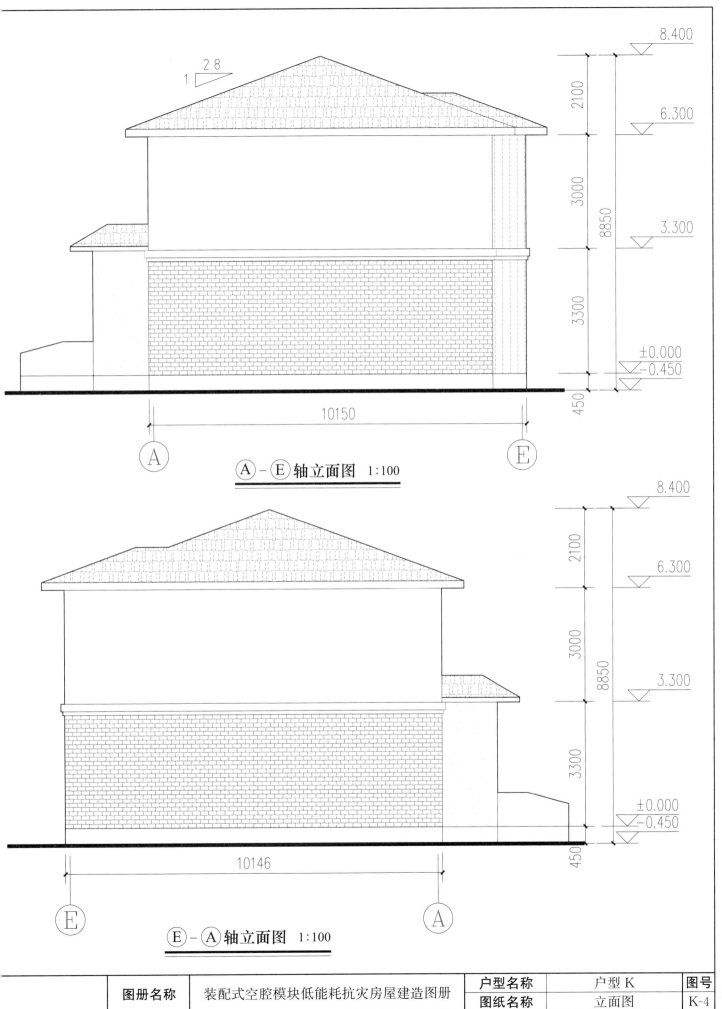

2.8
1

8.400

2100

6.300

3000

3300

8850

3.300

3300

±0.000
−0.450

450

10150

A   E

Ⓐ – Ⓔ 轴立面图 1:100

8.400

2100

6.300

3000

3300

8850

3.300

3300

±0.000
−0.450

450

10146

E   A

Ⓔ – Ⓐ 轴立面图 1:100

图册名称	装配式空腔模块低能耗抗灾房屋建造图册	户型名称	户型 K	图号
		图纸名称	立面图	K-4

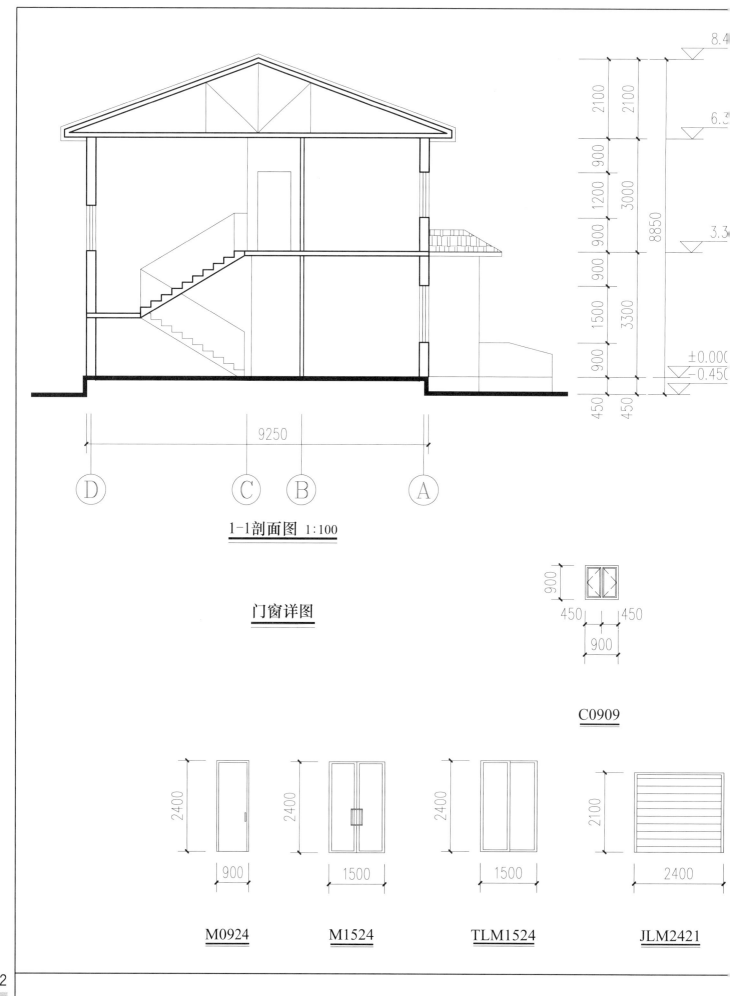

1-1剖面图 1:100

门窗详图

C0909

M0924   M1524   TLM1524   JLM2421

门窗汇总表

类型	设计编号	洞口尺寸(mm)	数量			门窗名称
			1层	2层	合计	
普通门	M0924	900×2100	4	7	11	高级实木门
	M1524	1500×2100	1		1	高级实木门
门连窗	MLC3424	3400×2400	1		1	保温防盗门
推拉门	TLM1524	1500×2100	1		1	塑钢推拉门
卷帘门	JLM2421	2400×2100	1		1	卷帘防盗门
普通窗	C0909	900×900		1	1	单框双层玻璃平开塑钢窗
	C1209	1200×900	3		3	单框双层玻璃平开塑钢窗
	C1212	1200×1200	5		5	单框双层玻璃平开塑钢窗
	C1812	1800×1200		1	1	单框双层玻璃平开塑钢窗
	C2112	2100×1200		2	2	单框双层玻璃平开塑钢窗
	C1815	1800×1500	1		1	单框双层玻璃平开塑钢窗
	C2115	2100×1500	2		2	单框双层玻璃平开塑钢窗

注：1. 本表中所给的塑钢门窗尺寸均为洞口尺寸，详图及构造由符合国家标准的生产厂家提供。

2. 本图中所给的塑钢门窗尺寸均为洞口及分格尺寸，具体做法及安装由生产厂家负责。

3. 门窗加工前需复核洞口尺寸及数量。

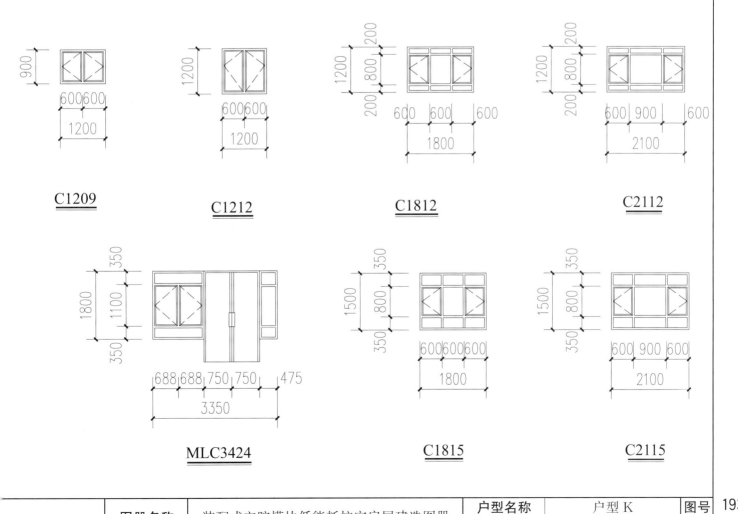

C1209　　C1212　　C1812　　C2112

MLC3424　　C1815　　C2115

图册名称	装配式空腔模块低能耗抗灾房屋建造图册	户型名称	户型K	图号	193
		图纸名称	剖面图·门窗详图	K-5	

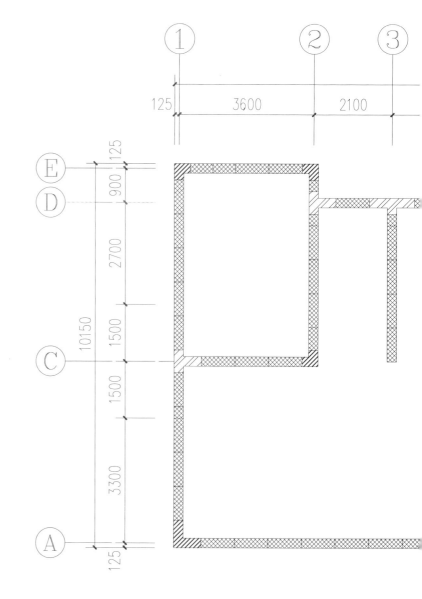

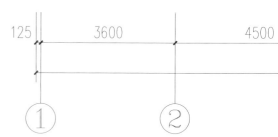

	直角墙体空腔模块
	直板墙体空腔模块
	T形墙体空腔模块
	楼面板转换直板墙体空腔模块
	楼板转换直角墙体空腔模块
	楼板转换T形轻体空腔模块

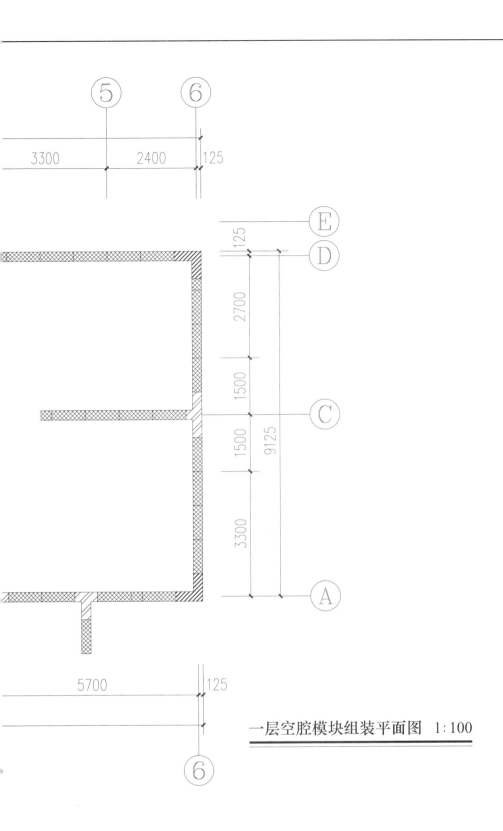

一层空腔模块组装平面图 1:100

图册名称	装配式空腔模块低能耗抗灾房屋建造图册	户型名称	户型 K	图号	195
		图纸名称	模块组装平面图	K-6	

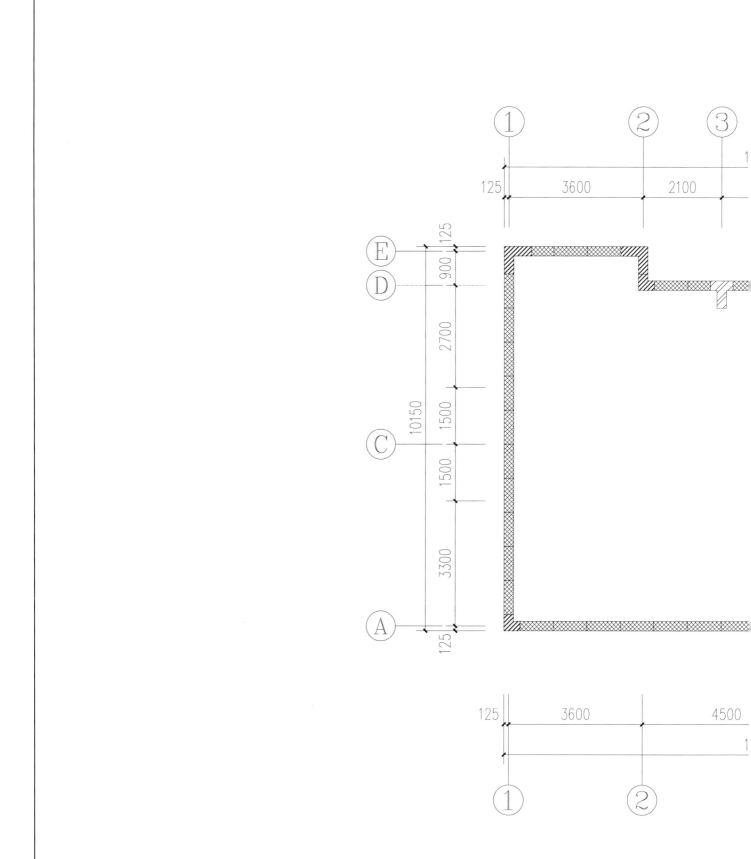

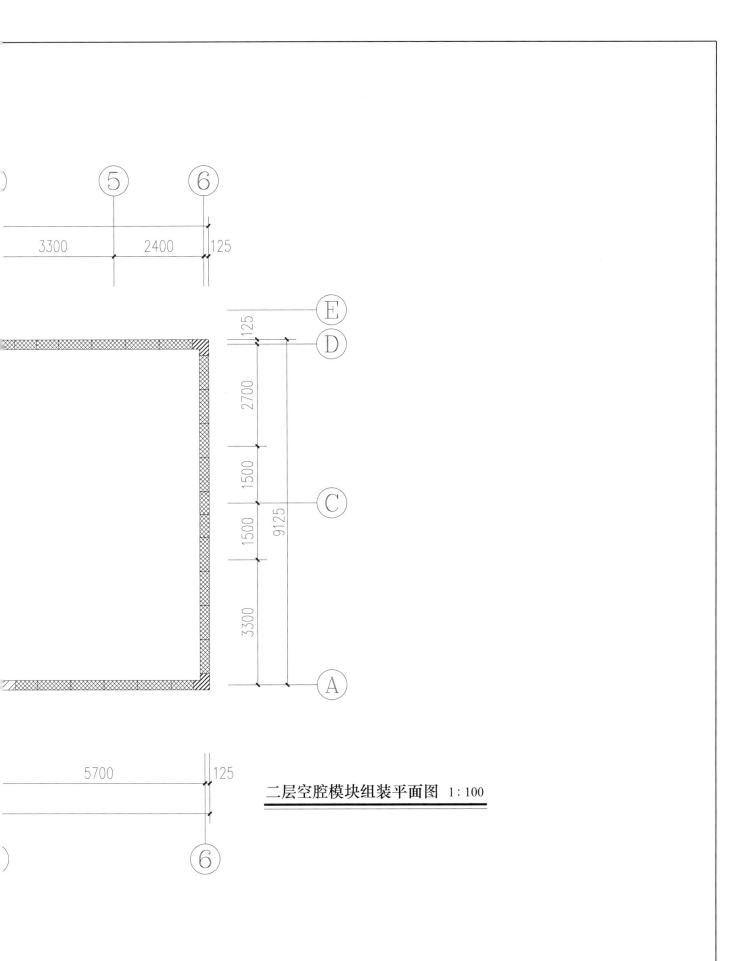

⑤ ⑥

3300   2400   125

E
125
D

2700

1500

9125

C

1500

3300

A

5700   125

二层空腔模块组装平面图 1：100

⑥

图册名称	装配式空腔模块低能耗抗灾房屋建造图册	户型名称	户型 K	图号
		图纸名称	空腔模块组装平面图	K-7

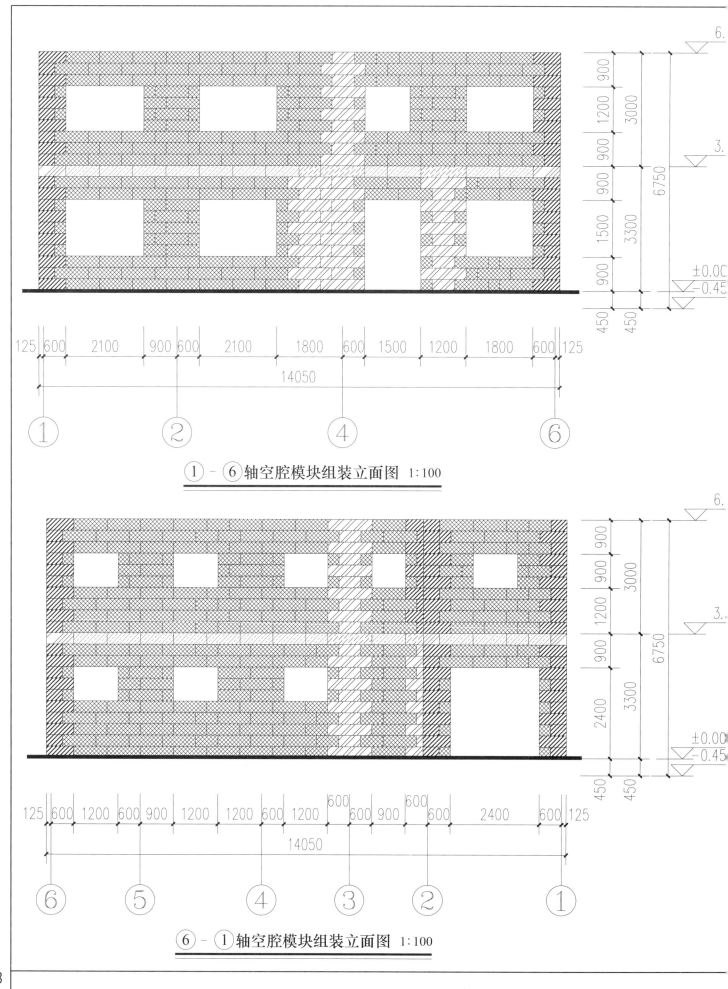

①－⑥轴空腔模块组装立面图 1:100

⑥－①轴空腔模块组装立面图 1:100

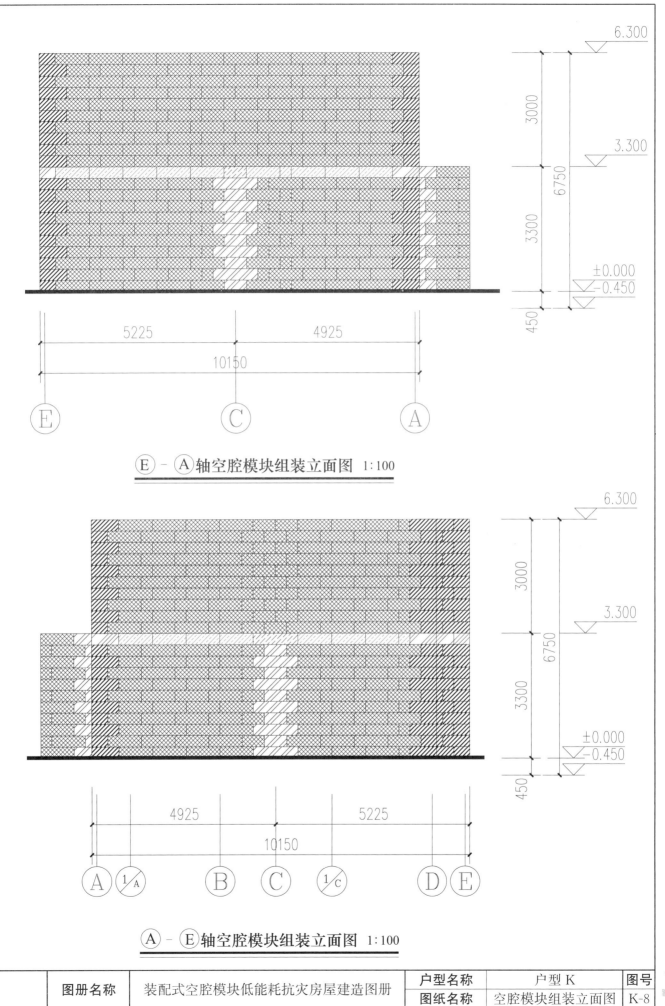

Ⓔ－Ⓐ轴空腔模块组装立面图 1:100

Ⓐ－Ⓔ轴空腔模块组装立面图 1:100

图册名称	装配式空腔模块低能耗抗灾房屋建造图册	户型名称	户型 K	图号	199
		图纸名称	空腔模块组装立面图	K-8	

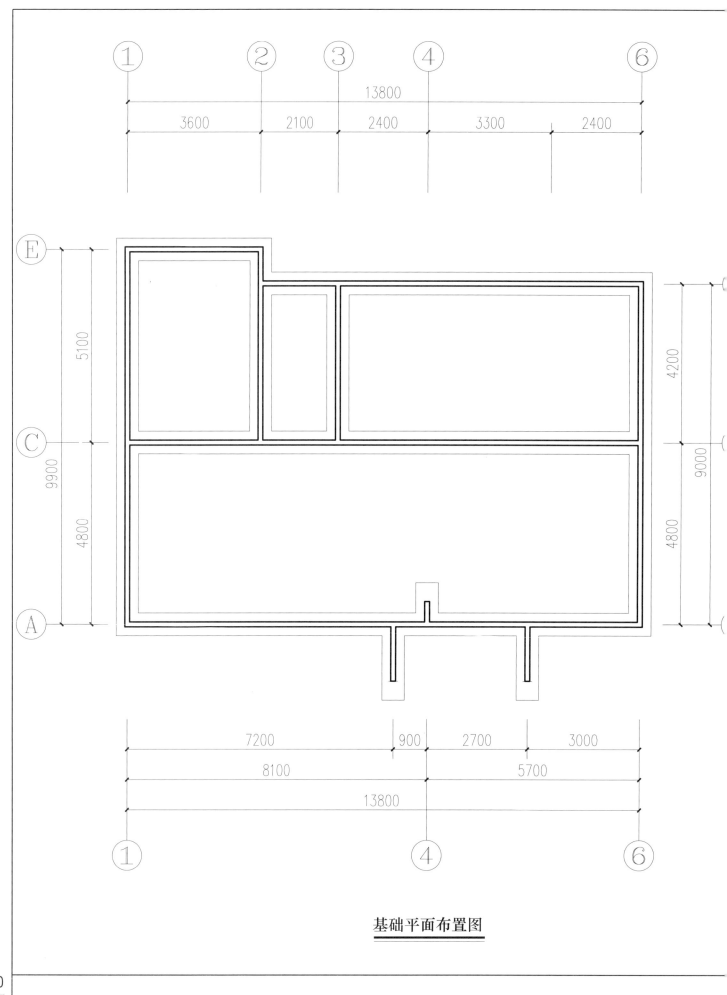

基础平面布置图

基础设计说明：

一、材料：混凝土强度等级为 C30，垫层为 100mm 厚 C15 素混凝土。

二、本项设计暂按地基承载力特征值为 150kPa 进行地基基础设计，标准冻深暂定为 0.6m，采用墙下条形基础，基础埋深同标准冻深；工程正式开工前应委托相关单位对本建设场地进行工程地质勘察，并应根据地质勘察报告对本工程设计进行复核修改。

三、基础施工注意事项：

1. 开挖基槽时，在基础底设计标高以上，预留 200mm 厚待挖，待基础施工时，再挖至基础设计标高。

2. 开挖基槽时，如遇菜窖、枯井、人防工事、软弱土层等异常情况，应立即联系相关单位处理。

3. 基槽开挖完毕，基础施工之前应会同勘察设计单位验槽，如遇与地质报告不符的情况，由勘察、设计、施工人员协商解决。

4. 基础施工时及后期使用时应做好场地防水、排水措施，严禁地基土浸水。

5. 基底超挖部分应用级配砂石回填至设计标高，其他超挖部分用黏土分层回填夯实。

四、图中标高以 m 为单位，尺寸以 mm 为单位；未特殊注明尺寸的构造柱均按轴线对中定位，框架柱定位尺寸见详图。

五、本工程施工时应符合国家现行相关施工验收规范和规程。

六、室内回填土压实系数不小于 0.94。

七、本工程未考虑冬期施工，且基础施工过程中严禁基底下残留冻土。

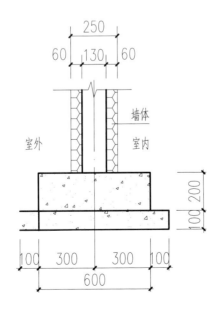

墙下基础剖面

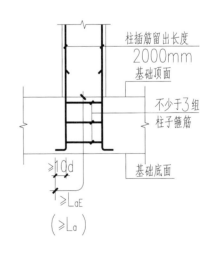

基础预留柱子插筋(纵向钢筋)

图册名称	装配式空腔模块低能耗抗灾房屋建造图册	户型名称	户型 K	图号	201
		图纸名称	基础平面布置图	K-9	

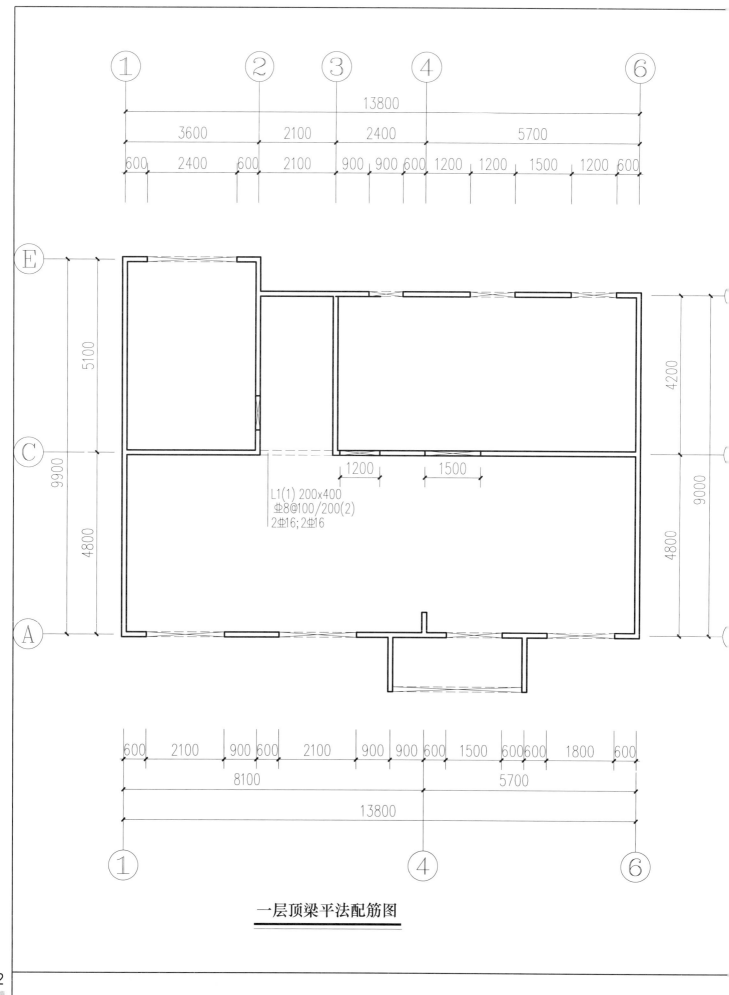

① ② ③ ④ ⑥

13800

3600   2100   2400   5700

600 2400 600 2100 900 , 900 , 600 , 1200 , 1200 , 1500 , 1200 , 600

Ⓔ

5100

4200

Ⓒ

9900

9000

L1(1) 200x400
Φ8@100/200(2)
2Φ16;2Φ16

1200   1500

4800

4800

Ⓐ

600 2100 900 600 2100 900 , 900 , 600 , 1500 , 600 600 , 1800 , 600

8100   5700

13800

① ④ ⑥

一层顶梁平法配筋图

梁设计说明:

1. 本图梁采用 C30 混凝土,采用 HRB400(Φ)钢筋,也可使用 HRB335(Φ)钢筋等强代换。

2. 本工程抗震设防烈度为 8 度,本层抗震等级为四级。

3. 梁纵筋宜采用绑扎搭接连接或焊接连接。

4. 梁相邻两跨平面定位尺寸或梁宽有变化时,其支座负筋应尽可能直通,不能直通时应各自锚入支座内。

5. 未标位置的梁,按对轴线居中布置。

6. 除特殊注明外本层梁梁顶标高一律按 3.260 处理。

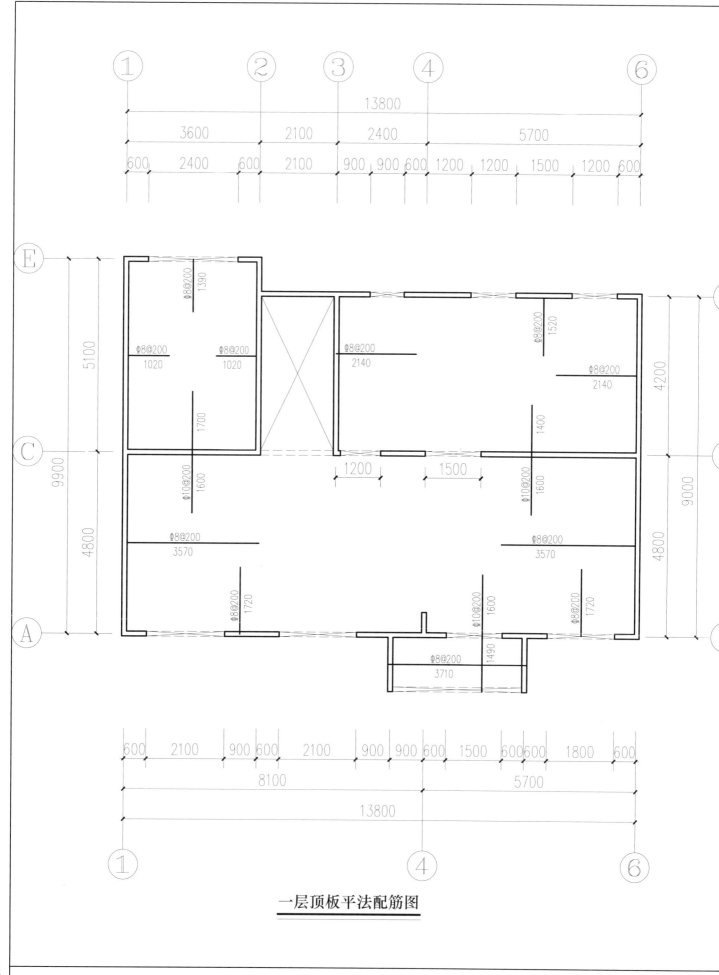

一层顶板平法配筋图

楼面免拆模板系统设计说明：

1. 本层现浇实心楼面免拆模板采用 C30 混凝土，采用 HRB400（Φ）钢筋，也可使用 HRB335（Φ）钢筋等强代换。

2. 楼面免拆模板顶标高除注明外均为 3.260m。

3. 未注明的梁均轴线居中或与墙、柱边齐。未标板正筋均采用双向Φ8@200 布置。

4. 楼面免拆模板拉通钢筋需要搭接时，上部钢筋在跨中搭接，下部钢筋在支座处搭接，拉通钢筋长度随平面尺寸调整。

5. 虚线洞口表示后浇管井板，施工时先按配筋图要求绑扎楼板钢筋，待管道安装完毕后再浇筑楼板混凝土。

6. 未设梁的洞口加强筋为每边 2Φ14。

序号	代码	使用部位	形状	
			轴测图	平面图
1	ZM-1 300×250× 300	墙体板		300 250 60 130 60
2	ZM-2 600×250× 300	墙体板		600 250 60 130 60
3	ZM-3 900×250× 300	墙体板		900 250 60 130 60
4	JM-1 (YJM) (725+725)× 300×250	墙体转角		725 250 125 125
5	JM-2 (YJM) (425+425)× 300×250	墙体转角		425 250 125 125

序号	代码	使用部位	形状	
			轴测图	平面图
6	NZM-1 425/175x 250x 300/300/ 300/300	十字墙		
7	TM-1 1200/175x 250x300	T形墙体		
8	TM-2 600/475x 250X300	T形墙体		
9	QZM-1 300/600x 250/490x300	扶墙柱		